思考致富

13 個翻轉未來的關鍵法則，改寫金錢藍圖的人生開掛指南

Think and Grow Rich

拿破崙．希爾（Napoleon Hill）／著
張芷盈／譯

不要等了
永遠不會有最好的時機

【推薦序】智慧經典，代代相傳

愛瑞克（TMBA 共同創辦人、《內在成就》系列作者）

二十多年前，當我還是一位大學生的時候，就已經拜讀過拿破崙．希爾的著作，是舊版的《思考致富》，其內容令我感到驚艷！當時涉世未深的我，心中冒出一句：「怎麼有人這麼厲害！」當時我並不知道這本書的銷量，但得知作者為了兌現他對於鋼鐵大王安德魯．卡內基的承諾，願意花二十多年的時間去訪談全世界最富有或成功的五百位人士，把他們的智慧精華濃縮成一本書並且流傳下去，造福世界上更多人，光是這麼驚人的願力和意志力，就令我佩服不已。

二十多年後的此時，我為此書撰寫新版的推薦序，才得知此書已經在全球熱銷超過七千萬冊！然而，早在還是大學生時期的我，內心就已經種下了要為這一本書推廣的心願。《思考致富》打開了我的眼界，讓我見識到商業世界龐大的創造性力量，這也是後來讓我決定要轉換系所，努力準備甄試台大商學研究所的主因之一。

很可惜，大四那一年我甄試落榜了，但我沒有放棄，緊接著用三個月的時間密集準備公開招生考試，照樣考進去了。這驗證了書中所說「致富法則1：渴望」是一切的原動力，而這股力量也是創造今天世界蓬勃發展的主要原因，各行各業都有靠這個力量不斷創新創造、進而改變世界的人。我是受益者，也樂於將這些關鍵成功因素讓更多人知道並且受惠。

很少有成功者是一帆風順的。當我就讀碩士班期間，我父親的工廠因產業變革倒閉、連帶造成破產與住家被法院拍賣的命運，當時我仍在就讀碩士班，看著家裡經濟一落千丈，我開始懷疑「成功學」是不是唬人的把戲？如果有用，為何不能讓父親的事業起死回生呢？我父親以前講起滿口生意經，總是令人讚嘆不已，他可是成功學的專家和實踐者啊！但是，曾經讓我們家裡有過好日子的鋁製網球拍事業並沒有讓他重新翻身。

多年之後，我漸漸明白，父親原本事業的崩毀，只是他選錯了陣線，如果他從事的是碳纖維（取代大部分鋁球拍的新興材料）相關事業，這一切應該會改寫。然而，也是在事隔多年之後，父親靠著強烈的渴望與此書中所提到的好幾項要素，以及原本事業長期累積的人脈，經營不同領域的事業，活出了豐盈又快樂的人生——他現在的生活狀態，比起二十多年前的巔峰時期還要更快樂、令人羨慕啊。原來，成功是需要經過時間的驗證，才能看到最後的成果，而急功近利是人們的通病！

此書所談到的自信、想像力、組織計畫、果斷的決定，都是我父親最顯著的特徵和習慣，我從小到大耳濡目染，即便二十多年前父親舊有的事業失敗，都沒有衝擊到他的自信，也沒有影響到他多年來的習慣。我見證了那個過程，而父親這些成功特質和習慣也深入我的潛意識核心，讓我奉為生活圭臬。後來，在我工作第十六年的時候實現了財務自由，退而不休去做自己真正想做的事情：推廣閱讀、幫助偏鄉弱勢族群。

父親和我，兩代人都實踐了此書中許多的要項，並且持之以恆沒有放棄，因而實現了自我期許，進而奉獻自己、造福這個社會。二十多年前，在我家境最困頓的時候，我因大量閱讀而找到希望和成長的動力，如今，我推廣閱讀，並且將各行各業成功的典範介紹給目前人生卡關、陷入困境的人。此書，即是二十多年前啟蒙我商業思維的經典之作，我也樂於將它介紹給更多人知道。

《思考致富》經過了九十年的長時間考驗，目前已被全世界公認為有效，而且是各行各業都可以受惠的成功學經典之一，但也唯有您閱讀之後確實應用在日常生活中，不斷地實踐，才能親自驗證其龐大威力隨著時間顯現。

驀然回首，我已年近半百，閱讀過的成功學書籍超過上百本，此書是我極力推薦的一本。願你也能受惠於這些經典智慧，活出最恢宏燦亮的人生版本！

目錄

作者序

本書每個章節都會提到致富祕訣。這些祕訣已幫助超過五百位超級富豪成功致富。我花了很多年仔細分析他們致富的關鍵。

超過二十五年前，因為安德魯·卡內基（Andrew Carnegie），我開始注意到這些致富祕訣。這位精明又討人喜愛的蘇格蘭老先生，在我年紀還輕的時候就不經意地拋出這個想法，深深印在我腦海中。[1]然後他坐回椅子上，眼睛閃爍著愉快的光芒，仔細觀察想知道我是不是夠聰明，是否能完全理解他話中的重要性。

看到我理解後，他問我是否願意花二十年或更久的時間準備，把這個想法分享給世界上其他人。他說，如果不知道這個祕訣，很多人的人生可能會一團糟。我答應了，於是在卡內基先生的指導下，我一直保守著這個祕密。

經過來自各行各業數千人的實際驗證後，這個祕訣就藏在本書中。卡內基先生認為應該公開這個幫助他致富的神奇方法，分享給那些沒時間研究成功人士致富關鍵的人。他希望我能透過各行各業人們的實際經驗來測試和驗證這套神奇方法。他認為所有公立學校和大學都應該教授這套方法，他也說如果正確傳授，這個方法應該能改革整個教育體系，讓學生的學習時間縮短一半。

透過與查爾斯・施瓦布（Charles M. Schwab）等人的接觸，他發現學校和大學教的大部分內容與謀生或致富關係不大。他之所以有這種認識，是因為他僱用了很多年輕人，其中許多人沒受過太多教育，而卡內基先生用這套方法把他們訓練成了罕見的領導者。不僅如此，在他的指導下，所有遵循他指導的人都因此致富。

在第二章「信念」中，你會讀到關於美國鋼鐵公司的驚人故事。故事中會提到一位年輕人如何成立這家公司，卡內基先生透過這個故事證明了只要準備好，這個方法適用於所有人。這位年輕人就是查爾斯・施瓦布，他在運用這個祕訣後就創造了巨額財富和巨大機會。粗略估計，採用這套方法後，為參與者帶來了高達六億美元[2]的財富。

這些真實的信息（幾乎所有認識卡內基先生的人都知道）能幫你了解讀完此書後能得到什麼，前提是**你知道你想要的是什麼**。

在完成長達二十年的實際測試前，這個祕訣已經傳授給幾千人，他們也因此獲益，這也如卡內基先生所預期。許多人因此致富，其他人則用這個祕訣達成了家庭和諧。

來自辛辛那提的裁縫師亞瑟・納許[3]把他快要破產的生意當作「白老鼠」，用來測試這個方法。他的生意起死回生，並為老闆們賺了一筆。這個實驗非常成功，報紙雜誌甚至給了價值超過一百萬美元的報導，稱讚這個起死回生的生意。

這個致富祕訣後來又傳給了德州達拉斯的史都華・外爾[4]。當時的他已經準備好了，甚至為此改行去學法律。他成功了嗎？後面會再提到這個故事。

我在詹寧斯．倫道夫大學畢業那天，把這個祕訣傳授給他。後來他成功運用這個祕訣，一路成為了美國參議員，長期在全國性事務上為人民服務，成就傑出。

我之前在拉薩爾延伸教育學院（LaSalle Extension University）擔任廣告宣傳經理，雖然這個職位不過是名義上的頭銜，但我有幸見證到該校校長查普林（J. G. Chapline）有效運用這個祕訣，將拉薩爾變成全美最成功的延伸教育學院之一。[5]

我在本書中提到這個祕訣不下百次，我沒有直接說明這個祕訣，因為讓大家自己發現似乎更有效。那些已經準備好並在尋找的人將會發現這個祕訣。這就是為什麼卡內基先生會悄悄地把這個祕訣傳授給我，也沒有給它取名字。如果你已經準備好要運用這個祕訣，你在每一章中至少會發現一次。我希望能告訴你如何發現這個祕訣，但這樣做會剝奪你自己發現所能得到的好處。

在寫這本書的過程中，我的兒子正在讀大學最後一年。他拿起第一章的草稿，讀完後自己發現了這個祕訣。他非常有效地運用了書中信息，還因此獲得了一個管理職位，起薪比一般人的薪水高出許多。第一章會簡短提到他的故事。你一開始翻開這本書時可能會覺得內容有點誇張，但當你讀到這個故事時，想法可能會改變。而且，如果你曾經失敗過，如果你曾經無法克服某個耗盡你所有精力的挑戰，如果你曾經嘗試又失敗了，如果你因為疾病而身體殘疾，那麼我兒子發現並運用卡內基方法的故事，可能就是你在「絕望的沙漠」中一直在尋找的綠洲。

美國總統伍德羅．威爾遜[6]在第一次世界大戰期間也大量使用了這個祕訣。這個祕訣經仔細統整到戰前的訓練內容中，讓每位參戰的士兵在上戰場前都學習到其中精髓。威爾遜總統曾告訴我，這個祕訣對於募集戰爭所需經費也非常重要。[7]

本世紀初，曼紐爾．奎松（Manuel L. Quezon，當時是菲律賓群島居民代表）受到這個祕訣啟發，決定為其人民爭取自由，後來成為菲律賓獨立後的第一任總統。[8]

這個祕訣有個特點，那些學到祕訣並實際運用的人，最後幾乎都大獲成功，看似不費力氣，而且再也沒有失敗過！如果你不相信，好好研究書中提到的成功人士，你可以自己查證他們的經歷然後再相信這個祕訣的力量。

沒有不勞而獲這種事！

我提到的祕訣不會平白得到，雖然相較於其價值，要付出的代價非常少。對於那些沒有刻意去尋找的人而言，付出多少都不可能得到。這個祕訣不會免費送出，也不能用金錢獲得，原因是獲得這個祕訣的方式有兩部分。首先，對於那些準備好的人，他們已經擁有了這個祕訣。

對於所有準備好的人，這個祕訣都能發揮作用。這跟學歷沒有關係。早在我還沒出生前，湯瑪斯．愛迪生（Thomas A. Edison）就獲得了這個祕訣，他聰明地運用並成為了世界上最厲害的發明家，雖然他只上過三個月學，這完全沒有影響。

這個祕訣後來又被傳授給愛迪生的事業夥伴。雖然他一年只賺一萬二千美元，但在有效運用祕訣的情況下，他累積了可觀財富，年紀輕輕就退休了。你在下一章的一開始會讀到他的故事，這些故事讓你知道，財富並非遙不可及，你還是可以成為你想成為的人，那些準備好並決心追求的人都可以享受到名利、聲望和幸福的人生。

我怎麼知道呢？你在讀完本書前將會知道答案。你可能在第一章或本書最後一頁時會找到答案。

我在卡內基先生的要求下，進行了這個超過二十年的研究，過程中分析了數百位名人，其中很多人都承認他們是因為卡內基祕訣，才得以累積巨大的財富。這些名人包括：

亨利・福特[9]
小威廉・韋里格利[10]
約翰・沃納梅克[11]
詹姆斯・希爾[12]
范妮・赫斯特[13]
喬治・帕克[14]
E・M・史塔特勒[15]
亨利・多赫帝[16]
賽倫斯・克提斯[17]
約翰・洛克斐[18]
湯瑪斯・愛迪生
弗蘭克・范德利普[19]
F・W・伍爾沃斯[20]
羅伯特・達勒[21]
愛德華・菲林[22]
艾德溫・巴恩斯
亞瑟・布里斯班[23]
伍德羅・威爾遜
喬治・伊斯曼[24]
西奧多・羅斯福[25]
約翰・大衛斯[26]
瑪麗・杜絲特[27]
阿爾伯特・哈伯德[28]
威爾伯・萊特[29]
威廉・詹寧斯・布萊恩[30]
大衛・斯塔爾・喬丹[31]
J・阿穆爾[32]
查爾斯・施瓦布[33]

厄涅斯汀・海因克
法蘭克・岡薩魯斯博士[34]
丹尼爾・威拉德[35]
金・吉列[36]
雷夫・偉克斯[37]
丹尼爾・萊特法官[38]
威廉・塔夫特[39]
路瑟・波本克[40]
愛德華・波克[41]
法蘭克・慕西[42]
凱特・史密斯[43]
阿爾伯特・蓋瑞[44]
亞歷山大・貝爾[45]
約翰・派特森[46]
朱利爾斯・羅森瓦德[47]
史都華・外爾
法蘭克・克蘭恩博士（Dr. Frank Crane）
J・G・查普林
亞瑟・奈許
艾拉・威爾考克斯[48]
萊倫斯・達羅[49]
詹寧斯・倫道夫[50]

這些名字只是數百位知名美國人中的一小部分，這些人無論在經濟上還是其他方面的成就都證明：理解並運用卡內基祕訣的人，能在人生中功成名就。據我所知，每個運用這個祕訣的人都在自己的領域取得了巨大成就。我認識的每位在專業上真正成功、積累財富的人，都以某種方式獲得了這個祕訣。由此我得出結論：作為個人自我決心的基礎知識，這個祕訣比常規「教育」所能教授的更為重要。

那麼，教育究竟是什麼？接下來我將詳細回答這個問題。

講到教育，這些名人中有許多都沒有受過太多教育。約翰．沃納梅克（John Wanamaker）曾告訴我，他的學習方式就像蒸汽火車加水，邊走邊學。

亨利．福特甚至沒上過高中，更別說大學了。我並非要貶低正規教育，只是想表達：我真心相信，那些能掌握並運用這個祕訣的人，即使學歷不高，也能成就非凡、積累財富，並以自己的方式實現人生目標。

在閱讀本書時，如果你已經做好準備，我提到的祕訣就會呈現在你眼前。當它出現時，你會知道的。無論你是在第一章還是最後一章發現它，請停下來好好慶祝一下——因為這將是你人生的重要轉折點。

接下來的「導論」部分會講述我一位好朋友的故事。他坦言曾遇到那個神祕的徵兆，而他的事業成就正是發現這個祕訣的最佳證明。當你讀到他和其他人的故事時，請記住，他們面對的都是每個人會遇到的重要人生問題——謀生的困難、追求希望、勇氣、滿足和平靜時的挑戰，以及在積累財富、追求身心自由時遇到的問題。

別忘了，書中所述都是真實事件，不是虛構的。這些內容旨在傳達一個普世真理：所有做好準備的人不僅會學到該做什麼，還會學到如何去做，並獲得邁出第一步所需的動力。

最後提醒一下，在你開始下一章之前，我想給你一個提示，或許能幫你找到卡內基的祕訣：**所有成就、所有財富，最初都源於一個想法！**如果你準備好接受這個祕訣，你就已經掌握了一半。所以當它出現時，你會立即認出它。

拿破崙．希爾

註解

1 希爾二十五歲時是一位獨立記者，就讀喬治城大學法學院，就是在那時，他和這位企業家進行了著名的訪問。卡內基當時正值投入慈善事業的時期，忙著捐出他龐大的三億五千萬美元財產。一九〇八年秋天，希爾為了《鮑伯・泰勒雜誌》前往拜訪卡內基進行採訪。這位年邁的企業家和年輕的記者相處融洽，三個小時的訪談結束後，兩人又展開一場為期三天三夜馬拉松式的討論（包括中間休息吃飯與睡覺的時間），卡內基熱情地仔細分享他遵循的原則，以及他實際採取的步驟，逐步累積全美與全世界最龐大的財富。

卡內基最了不起、但可能比較少人知道的成就，當然就是幫助年輕的拿破崙・希爾開始一趟訪問許多世界上最了不起人物的旅程，以及系統性發展成功原則及思考致富之道，卡內基希望不管背景或個人處境如何，所有的人都能獲得這些知識。

2 換算今日價值可高達七千五百億美元。計算方式請參考第二章。

3 Arthur Nash，美國著名的企業家和社會改革者。他提倡利潤分享和員工參與決策，證明了善待工人可以帶來商業成功，挑戰當時普遍的勞資關係觀念。

4 Stuart Austin Wier，美國工程師和發明家。他改進了飛機螺旋槳的效率和可靠性，為飛機技術的發展做出了重要貢獻。

5 Jesse Grant Chapline，教育家和作者，主要寫銷售及商業主題。成立拉薩爾延伸教育學院（La Salle Extension University），提供專業科目的函授課程，像是會計、法律、企業等。

6 Woodrow Wilson，美國第二十八任總統。榮獲諾貝爾和平獎。

7 希爾與威爾遜第一次見面時，威爾遜當時是普林斯頓大學校長，希爾是帶著卡內基的介紹信前去採訪他。在美國投入第一次世界大戰期間，希爾寫信給威爾遜總統，表示想效勞，並被派給威爾遜的屬下，擔任公眾資訊與公關助手志工。威爾遜對希爾的表現印象深刻。多年後，他寫信給希爾道：「我要恭喜您的堅持毅力。任何投注了如此多時間的人（研究成功之道）……一定得到了對他人也有重要價值的發現。我對您關於『智囊團』原則的闡釋印象深刻，您說明的非常清楚。」

8 曼紐爾・奎松在一九三五年被選為菲律賓自由邦（Philippine Commonwealth）總統，該年菲律賓自由邦成立並準備脫離美國，尋求政治與經濟上的獨立。一九〇九年，他被指派為菲律賓的居民代表，有權在美國眾議院發言但沒有投票權。在第二次世界大戰日本占領期間，他是菲律賓流亡政府在美國的領導者，而他正是在美國期間接觸了《思考致富》一書。

9 Henry Ford，福特汽車創辦人。

10 William Wrigley,Jr.，箭牌口香糖創辦人。

11 John Wanamaker，百貨商店之父。曾在美國總統班傑明・哈里森（Benjamin Harrison）任內擔任美國郵政署長。

12 James J. Hill，見第六章。

13 Fannie Hurst，見第八章。

14 George S. Parker，玩具商帕克兄弟創辦人，推出史上最受歡迎的遊戲——大富翁。

15 E. M. Statler，史塔特勒連鎖飯店創始人。一九二〇年中期，史塔特勒擁有的房地產是全美單一個人擁有的最龐大地產。

16 Henry L. Doherty，成立都市服務公司（Cities Services Company），一間擁有超過一百項公用事業及石油企業的控股公司。

17 Cyrus H. K. Curtis，著名美國出版商和企業家，克提斯出版公司創始人。

18 John D. Rockefeller，美國歷史上最著名的企業家和慈善家之一，創立標準石油公司（Standard Oil Company）。美國史上最富有的人之一，也是現代石油工業的奠基人。

19 Frank A. Vanderlip，美國銀行家和財政專家，二十世紀初美國銀行業現代化的重要推動者，對美國金融系統的發展產生了深遠影響。

20 F. W. Woolworth，美國零售業的先驅和創新者。創立了F. W. Woolworth公司，開創了「五分錢和十分錢商店」（Five-and-Dime Store）的概念，發展了一個遍及美國、加拿大和英國的連鎖店網絡。

21 Robert. Dollar，美國航運業的先驅和企業家。發展出橫跨太平洋的航運路線，連接北美、亞洲和歐洲。引入「環球航線」的概念，提供繞地球一周的客運和貨運服務。

22 Edward A Filene，美國零售業和社會改革的重要人物。二十世紀早期美國最有遠見的商人之一，倡導「大眾消費理論」，認為提高工人工資有利於經濟發展，並支持改革，包括工人權益、婦女權益等。

23 Arthur Brisbane，美國新聞史上最有影響力的編輯之一。《紐約晚報》（*The New York Evening Journal*）的執行編輯，他撰寫的社論擁有全世界最多讀者。作為腥羶色大師而廣為人所知。

24 George Eastman，美國發明家和企業家。創立柯達公司（Kodak）並推動了攝影技術的普及。

25 Theodore Roosevelt，美國歷史上最著名的總統之一。建立了美國國家公園系統、推動巴拿馬運河的建設等。榮獲諾貝爾和平獎。

26 John W. Davis，美國法律家和政治家。二十世紀最傑出的美國律師之一

27 Marie Dressler，加拿大裔美國女演員。第一位獲得奧斯卡最佳女主角獎的加拿大裔演員。

28 Elbert Hubbard，美國作家。著名作品《致加西亞的信》影響深遠。

29 Wilbur Wright，著名的萊特兄弟其中一位。建造出世界上第一架成功飛行的動力飛機。

30 William Jennings Bryan，美國政治家、律師和演說家。美國民粹主義和進步主義運動的代表人物之一。

31 Dr. David Starr Jordan，美國著名魚類學家、教育家和和平主義者。對北美魚類分類做出了重大貢獻。史丹佛大學的首任校長。

32 J. Ogden Armour，美國肉類加工業的重要人物。將家族企業Armour & Company發展成世界上最大的肉類加工公司之一。

33 Charles M. Schwab，美國鋼鐵工業的重要人物。伯利恆鋼鐵公司（Bethlehem Steel）總裁，並將其發展成美國第二大鋼鐵公司。

34 Dr. Frank Gunsaulus，美國牧師、教育家、作家和人道主義者。

35 Daniel Willard，擔任 B&O 鐵路總裁，並將其打造成美國最成功的鐵路公司之一。擔任美國鐵路管理局局長。

36 King Gillette，美國發明家和商人，以發明安全刮鬍刀而聞名。創建了全球著名的吉列公司。

37 Ralph A. Weeks，傑出的工程師和商人，對航空和石油工業的發展影響深遠。

38 Daniel T. Wright，美國工程師和發明家，對電氣工程領域的發展產生了重要影響。

39 William Howard Taft，美國第二十七任總統以及第十任首席大法官，唯一一位同時擔任過總統和首席大法官的人。

40 見第九章。

41 Edward W. Bok，荷蘭裔美國出版人。積極推動女性投票權、野生動物保育、乾淨的城市、消除使用高速公路廣告牌。他最大的貢獻就是反對專利藥物產業的擴張。以自傳榮獲普立茲獎。

42 Frank A. Munsey，美國報業大亨，以創建、推動大眾雜誌和報紙而聞名。發行了美國第一份低價（十美分）雜誌。

43 Kate Smith，見第八章。

44 Elbert H. Gary，見第二章。

45 Alexander Graham Bell，蘇格蘭裔美國發明家、科學家和教育家，以發明電話而聞名。

46 John H. Patterson，美國企業家和慈善家。推廣輸入交易後抽屜會自動打開的的收銀機，使其變得普及。他後來買下製造這款收銀機的公司，更名為國家收銀機公司（National Cash Register Company，後來改為 NCR），接著橫掃零售業。派特森引進了業務人員專屬銷售區域的概念、開辦全球首間業務訓練學校、率先使用直接郵寄廣告、業務人員收取大筆佣金等做法。他提升了員工福利制度，提供更好的工作條件，在當年那個時代，這些做法在更廣泛的商界來說是不道德的。

47 Julius Rosenwald，美國企業家、慈善家和教育家。西爾斯羅布克公司（Sears, Roebuck and Company，現西爾斯百貨）董事長。在芝加哥成立了科學與工業博物館（Museum of Science and Industry）。

48 Ella Wheeler Wilcox，美國文學史上重要的女性詩人之一。

49 Clarence Darrow，美國知名的律師和社會運動家。在許多著名案件中擔任辯護律師，包括於一九二五年辯護進化論教學合法性的天普頓案（Scopes Trial），這件案件成為美國進化論教育歷史上的重要里程碑。

50 Jennings Randolph，美國政治家和國會議員。在二十世紀中期對美國的交通運輸和民用航空政策有重大貢獻。

導論

思想的力量

透過「思考」找到方向的人

思想是真實存在的，特別是當它們與明確的目標、堅持不懈和對財富的強烈渴望結合時，就會變得非常強大。

艾德溫．巴恩斯（Edwin C. Barnes）證明了人可以透過思考致富。他不是一下子就明白這個道理的，而是慢慢領悟的。一切始於他強烈想成為偉大發明家愛迪生的事業夥伴。

巴恩斯渴望的最大特點就是非常明確。他希望能和愛迪生一**起工作**，而不是**為他工作**。仔細觀看以下段落關於他如何把渴望變成現實的，你就能更好地理解致富的十三個步驟。

當巴恩斯第一次出現這個渴望，或是衝動的念頭時，他還不能馬上行動。他面臨兩個困難：他不認識愛迪生，而且沒錢買去新澤西州奧蘭治（愛迪生實驗室所在地）的火車票。這些困難足以讓大多數人放棄自己的願望。但巴恩斯心中懷抱著的可不是一般的渴望！他下定決心要找到辦法實現它。最後他決定就算搭「霸王車」，也不要被現實打倒。（換句話說，他其實就是搭貨運列車到東奧蘭治市。）

他到了愛迪生的實驗室，告訴愛迪生他要來和發明家一起創業。多年後，愛迪生回憶他和巴恩斯第一次見面的情景，他說道：「他站在我面前，看起來像個流浪漢，但他臉上的表情顯示出他來這裡的決心。我見過很多人，我知道，**當一個人真的非常渴望某件事時，他會願意賭上整個未來，相信自己一定能成功**。我給了他機會，因為我看得出他已經下定決心，不成功絕不罷休。後來的事實證明這個決定是對的。」

年輕的巴恩斯當時對愛迪生說了什麼並不重要，重要的是他的想法。愛迪生自己也這麼說！這個年輕人得到機會並不是因為他的外表，因為當時他的樣子其實對他沒什麼幫助。**是他的想法造就了一切**。

如果這句話的重要性能在此就傳達給任何讀者，本書接下來的內容就不用寫了。

巴恩斯並沒有在第一次和愛迪生見面時就順利成為對方的事業夥伴。他只是得到在愛迪生的辦公室工作的機會，薪水很低，做著對愛迪生來說並不重要的工作，但這對巴恩斯來說非常重要，因為他有機會向未來的合作夥伴展示自己。

幾個月過去了，顯然巴恩斯一直沒有辦法達成他心中明確的主要目標。但他心中的想法越來越強烈，渴望成為愛迪生的事業夥伴的願望也越來越強烈。

心理學家說過：「**當一個人真的準備好了，機會就會出現**。」巴恩斯已經準備好成為愛迪生的事業夥伴。不僅如此，他也下定決心將自己準備好，等待目標達成的一天。

他沒有對自己說：「哎，有什麼用呢？還是算了吧，改去試試業務的工作。」相反地，他告訴自己說：「我來這裡就是要跟愛迪生一起工作，如果需要花上一輩子，我也要達成這個目標。」他是玩真的！如果每個人都能選擇一個明確的目標，並堅持不懈地為之奮鬥，投入所有的精力和時間，結果肯定會大不相同。

年輕的巴恩斯可能當時並不知道，但他的決心和對成功的渴望，終究帶著他排除所有阻礙，得到他一直追尋的機會。

意想不到的機會藏身處

當機會來臨的時候，常常以意想不到的形式出現。而這就是機會的許多詭計之一。它經常偽裝成不幸或暫時的失敗悄悄降臨，這也是為什麼很多人都錯過了機會。

愛迪生才剛剛將一個新的辦公室儀器調整到完善，當時稱之為「愛迪生聽寫機」（Edison Dictating Machine，後來稱為 Ediphone）。他的業務團隊對這款機器沒什麼興趣。他們覺得這款產品要花很大的力氣才賣得出去。巴恩斯卻在這臺看起來奇怪的機器中看到了機會，當時只有他和愛迪生對它感興趣。

巴恩斯相信自己能賣出這款聽寫機，他向愛迪生提出建議，並得到了機會。他確實賣出了聽寫機，而且銷量非常好。愛迪生因此與他簽約，讓他負責全美的批發和銷售。這次合作還催生了著名的廣告語：「愛迪生製造，巴恩斯組裝。」

這個商業合作非常成功，持續了三十年之久。巴恩斯不僅賺了很多錢，更重要的是，他證明了人真的可以「思考致富」。

巴恩斯最初的渴望到底為他賺了多少錢，我不清楚。可能有兩、三百萬美元。但無論實際金額是多少，都比不上他獲得的知識：**藉由運用已知法則，可以將無形的想法「轉化」為實際的物質財富**。

巴恩斯真的因為一個想法實現了和偉大的愛迪生成為合作夥伴的關係！他靠著這個想法致富。他一開始什麼都沒有，只知道自己想要什麼，並堅持這個願望直到成功。

他一開始一毛錢都沒有，也沒受過什麼教育，毫無影響力。但他有進取心、信念和成功的意志力。靠著這些無形的力量，成為最偉大發明家的「左右手」。

黃金就在距離三英尺的地方

現在，我們來看看另一個例子，研究那些擁有有形財富卻失去的人，因為他們在距離目標一步之遙的地方放棄了。

失敗最常見的原因是遇到暫時挫折就放棄，每個人都有過這樣的經歷。

R・U・達比（R. U. Darby）的叔叔在淘金熱時期去西部淘金。沒人告訴他，**從腦子裡挖出的黃金比土地裡的還多**。他也想分一杯羹，決定捲起袖子開始淘金。過程很艱難，但他對黃金的渴望卻非常明確。經過幾週的勞動，他成功發現了金礦。他需要機器把金子挖出來。他悄悄將金礦蓋起來，回到馬里蘭州威廉斯堡的家鄉，告訴親戚和幾位鄰居這個大發現。大家把錢湊齊，買了機器運到礦場，達比和叔叔繼續挖礦。

第一車金礦送到冶煉廠後，發現這是科羅拉多州最豐富的金礦之一！再多挖幾車就能還清債務，然後就能發大財了。

鑽孔機下去！再上來就是達比和叔叔的夢想了！但突然金礦礦脈消失了！夢想破滅了。他們繼續鑽，費盡努力想要再找到礦脈，卻徒勞無功。

最後，他們決定放棄。

他們把機器賣給一個收舊貨的，賣了幾百美元，然後搭火車回老家。收舊貨大多都呆頭呆腦的，但這個人可不笨。他找了一位採礦工程師來評估。工程師看完認為挖礦計畫之所以失敗，是因為挖礦的人不熟悉「斷層線」。他計算後發現，達比叔姪兩人停止鑽探位置下的三英尺處就是礦脈！

收舊貨的在那裡找到了黃金，從這個金礦賺了幾百萬美元。因為他知道在放棄前，應該先找專家諮詢。採購機器的大部分資金都來自達比，他當時還很年輕。資金來自他的親戚和鄰居，因為他們對他有信心。他後來把所有錢都還清了，雖然花了好多年的時間才還完。

很久以後，達比先生發現渴望能轉化成黃金，在保險業賺到了比當初失去的還多好幾倍的財富。

謹記在距離黃金三英尺處停下來而損失巨額財富的教訓，達比把這個經驗用在他後來的工作中。他告訴自己：「我當初在距離黃金三英尺處停下來，但當我推銷保險時，我絕對不會因為別人拒絕就停下來。」

當時，每年能賣出超過一百萬美元保單的人不到五十個，達比就是其中之一。他能堅持不懈，要歸功於他從挖礦失敗中學到的教訓。

任何人在成功之前，一定會遇到許多暫時的挫折或失敗。遇到挫折時，最簡單也最符合邏輯的反應就是放棄，絕大多數人都是這樣做的。

超過五百位美國最成功的人士曾告訴我，**他們在遭受挫折後又堅持前進了一步**，因此獲得了最大的成功。失敗就像一個愛諷刺又狡猾的騙子，最喜歡在成功近在咫尺時絆你一跤。

五十分錢的堅持

達比先生從「人生大學」取得學位不久，決定運用從挖礦經驗學到的教訓，他很幸運的遇到了一個機會，這個經驗告訴他，「不」並不一定就是最終的拒絕。

一天下午，他在一間老舊的磨坊幫忙叔叔磨小麥。他叔叔擁有一座大農場，有些黑人佃農住在那裡。這時，門悄悄打開，一個佃農家的小女孩走了進來，站在門邊。

叔叔抬起頭看到小女孩，厲聲喝道：「你要幹嘛？」

女孩怯生生地回答：「我媽媽要我來拿她的五十分錢。」

「不行，」叔叔回道，「你回家吧。」

「是的，先生，」小女孩回答。但她留在原地一動也不動。

叔叔繼續工作，他很忙，忙到沒有注意到小女孩根本沒離開。當他再次抬頭，看到小女孩還站在原地，叔叔大聲喊道：「我說過叫你回家了！現在走，不然我拿鞭子抽你。」

小女孩說：「好的，先生。」但她仍然動也不動。

叔叔放下本來要倒入送料桶的一袋穀子，撿起一片桶板，然後朝著小女孩走去，臉上一副有人要倒大楣的表情。

達比屏住呼吸。他很確定接下來會是一陣毒打。他知道自己的叔叔脾氣火爆。在那個年代，窮孩子，尤其是佃農的小孩不可以有如此忤逆的行為。當達比的叔叔走到小女孩站的位置，小女孩很快地往前邁了一步，抬頭看著叔叔的眼睛，尖叫大聲說：「我媽媽需要那五十分錢！」

叔叔停下來，盯著小女孩看了一會兒，然後緩緩將桶板放到地上，他把手放進口袋，拿出了五十分錢，交給了小女孩。

小女孩拿了錢，慢慢地退到門邊，眼睛始終盯著那個剛剛被她征服的大人。女孩離開後，叔叔坐在一個箱子上，眺望窗外，有十分鐘之久無法回神。他還在思考剛才受到的震撼教育。

達比先生當時也在深思。這是他人生中第一次看到一個黑人小孩制服了一個成年白人。她是怎麼辦到的？是什麼讓叔叔瞬間失去了氣勢，變得溫順如羊？這個小孩用了什麼神奇的力量，成功制服了大人？這些問題和其他類似的疑問在達比的腦中閃現，但他當時沒有找到答案。直到多年後，他向我講述這個故事時才恍然大悟。

奇妙的是，我是在那間舊磨坊裡聽到這個不尋常的故事，就在達比的叔叔受到震撼教育的同一個地方。更不可思議的是，我花了將近二十五年的時間來研究那種力量，就是讓那個不識字的小佃農女孩成功戰勝了一個權威角色的同一種力量。

我們站在那個充滿霉味的舊磨坊，達比重述了那個不尋常的故事，說完問道：「你怎麼看？那個小孩用了什麼不可思議的力量，徹底擊潰了我的叔叔？」

答案將可以從本書提到的原則中找到。答案非常完整。包含了足夠的細節和指示，任何人都能學會並運用那個小女孩無意中使用的力量。

仔細留意書中的細節，你將會發現那個拯救了小女孩的神奇力量。你在下一章可以一窺這個力量。在本書的某處，你會找到一個能加速理解的想法，屆時這個難以抗拒的力量將任你使用，為你帶來好處。

你可能會在第一章就發現這個力量，或在接下來的章節中發掘。它可能以某個想法的形式出現，也可能以一個計畫或目的呈現。這個力量可能會讓你重新審視過往的失敗或挫折經驗，從中學到的教訓可能會浮現，讓你重新獲得當時因挫敗而「失去」的東西。

「不」永遠不是最終答案

在我向達比先生描述那個小女孩無意中使用的力量後，他迅速回顧了過去三十年賣人壽保險的經歷，坦白地承認他在這個領域的成功，很大程度上要歸功於那位小女孩教會他的一課。他說：「每次潛在客戶拒絕我時，我就會想起那個站在磨坊裡的小孩，她眼中閃爍的反叛神情，然後我對自己說：『我一定要賣出這份保險。』我賣出的絕大多數保險，都是在對方說了『不用』之後才成交的。

他還回憶起當初在距離金礦三英尺的地方就停下來的經歷：『那次的經驗其實是一份禮物。』教會我要一直堅持下去，不管有多麼困難，我必須先學會這一課，未來做任何事情才有可能成功。」

我想對未來從事銷售工作的讀者補充一點：正是因為這兩次經歷，達比先生才能每年賣出超過一百萬美元的壽險——這在當時是非常了不起的成就。

人生是很奇妙的，而且往往難以預測。成功與失敗常常源於看似平凡的經驗。達比先生的經歷很普通，卻蘊含著其命運的答案，因此對他而言，這些經歷與人生同等重要。他之所以能從這兩次戲劇性的經歷中受益，是因為他分析了這些經驗，從中找到了寶貴的教訓。

那麼，如果一個人既沒有時間，又不願意研究失敗經驗來尋找成功之道，該怎麼辦？在這種情況下，又該如何學會將挫折轉化為邁向成功的墊腳石呢？

這本書就是為了回答以上問題而寫，答案可以拆解成十三個法則。但請記住，在閱讀過程中，那些引發你思考人生奇妙發展的問題，解答可能就在你的腦中——隨著你閱讀，這些答案可能會以想法、計畫或目標的形式浮現。

僅僅一個好點子就能帶來成功。本書提到的原則包含了一些最好、最實用的方法，能幫助你產生有用的想法。

丟掉不可能這三個字

在我們進一步介紹這些原則之前，我認為應該先讓你了解：**當財富開始到來，它們來得如此之快、如此之多，以至於你會疑惑，在過去那些貧瘠的日子裡，這些財富究竟躲在哪裡**

這聽起來很驚人，而且如果考量到大家普遍認為只有那些長久認真努力工作的人才會擁有財富，上述這句話聽起來又更令人震驚了。

當你開始思考致富，你會發現**財富始於一個心理狀態：有明確的目的，只需要一點或甚至不需努力工作就能得到**。你和其他人應該會想知道要如何進入這樣能吸引財富的心理狀態。我花了二十五年時間研究分析了幾千人，因為我也想知道「有錢人如何變有錢的」。

如果沒有做那些研究，就不會有這本書了。

請注意一個重要事實：美國經濟大蕭條始於一九二九年，接著進入有史以來最慘的經濟衰退期，一直到富蘭克林．羅斯福（Franklin D. Roosevelt）總統上任一段時間後才好轉。後來大蕭條逐漸被淡忘。就像是電影院座位引導人員慢慢把燈調亮，在你意識到之前，原本的黑暗「轉變」為光明，人們心中的恐懼也會逐漸消散，轉化為信心。

仔細觀察，當你掌握了這個道理的原則，並開始遵循指示運用這些原則，你的財務狀況就會開始改善，你所接觸的一切都會開始轉變為對你有利的資產。不可能嗎？絕對不是。

人類的一個主要弱點就是大多數人太熟悉「不可能」這個詞。他們知道所有不可行的規則。他們知道所有不可能做到的事情。這本書是為那些尋求別人成功規則的人而寫，也是為那些願意賭上一切去嘗試這些規則的人而寫。

許多年前，我買了一本很好的字典。我做的第一件事就是找到「不可能」這個字，並把這個字從字典中剪下來。你也可以這樣做。

那些帶著成功人士思維模式的人最終會成功，那些漠不關心並讓自己沉浸在失敗想法中的

人最終會失敗。

本書目標就是，幫助那些在尋求的人學會改變思考方式的藝術，從失敗者的思維模式轉變為成功者的思考模式。

另一個許多人都有的弱點，就是習慣用自己的印象或信念來衡量一切。有些讀到這裡的人會認為沒有人能透過思考致富。他們無法想像財富，因為他們的思維模式總是圍繞著貧窮、匱乏、苦難、失敗和挫折。

這些不幸的人讓我想到一個有名的亞洲人，他當時來到美國求學，想要接受美國的教育。他去了芝加哥大學。有一天，校長哈潑博士[1]在校園裡遇到這位年輕人，停下來和他聊了幾句，並問他覺得美國人最明顯的特徵是什麼？

學生大聲回說：「你們的眼睛！」

一般白人對於亞洲人的印象又是什麼？

對於那些我們不熟悉或不了解的事物，我們往往不願相信，或覺得奇怪。我們愚蠢地認為自己的局限就是一切的局限。當然，另一個人的眼睛可能看起來「不一樣」，因為他們的眼睛確實跟我們不同。

1 William Rainey Harper，芝加哥大學第一任校長。

福特的決心

在像是亨利・福特等非常成功的企業家功成名就後，數以百萬計的人羨慕他們的成就和財富，不管大眾認為那些企業家是因為運氣、才華或任何其他原因而走到今天。也許每一百個人中只有一個人知道這些企業家成功的祕密，而那些知道的人因為明白背後的原因很簡單，反而太謙遜或不願道出真相。有一個事件可以完美說明這個「祕密」。

有一天，福特決定生產現在很有名的Ｖ８引擎，這是汽車產業史中最成功的創舉之一。他選擇將八個汽缸鑄造成一個整體，並指示工程師為這款引擎進行設計。設計草圖完成後，工程師們卻都認為，根本不可能生產出一款將八個汽缸鑄造成一個整體的引擎。

福特說：「就這樣生產吧。」

工程師回答道：「但這是不可能的！」

「就去做吧，」福特下令道，「然後一直做，直到成功，不管要花多少時間。」

工程師們不得不繼續這個項目。如果他們還想在福特汽車公司工作就別無選擇。六個月過去了，毫無進展。又過了六個月，依然沒有突破。工程師們為了執行老闆的指令，嘗試了所有能想到的方法，但這個任務似乎就是「不可能」完成！

那年年底，福特檢查進度時，工程師們再次告訴他這個計畫無法執行。

「繼續做，」福特說道，「我想要，就一定要得到。」

工程師們繼續進行，然後，彷彿有魔法出現一般，他們發現了祕密。福特的決心再次戰勝了一切！這個故事的細節可能不是百分之百準確，但其核心和結論確實如此。如果你想要思考致富，可以從福特擁有的數百萬財富祕密中得到啟發。不用花太多時間就能找到答案。

亨利・福特之所以成功，是因為他了解並運用了成功的原則。其中一個是渴望——知道你想要得到什麼。回想你剛剛讀到的福特故事，找出那幾句描述了他驚人成就的祕密。如果你能做到這一點，如果你可以找出那些幫助亨利・福特致富的原則，那麼你將能在適合你的領域中達到和他一樣的成就。

你是自己命運的主宰

詩人威廉・恩內斯特・亨利（William Ernest Henley）寫下「我是自己命運的主宰，自己靈魂的統帥」這句預言性的詩句時，他是在表達我們之所以能主宰自己的命運，統領自己的靈魂，因為我們擁有控制自己思想的力量。他還告訴我們，我們所處的宇宙本質上是一種能量，宇宙中存在一種普遍的力量，能夠根據我們的思考進行調整，並透過自然的方式影響我們，將我們的思想轉化為相應的現實。

如果詩人都告訴了我們這個真理，我們應該要知道為什麼我們是自己命運的主宰，自己靈魂的統帥。他也應該告訴我們，並大力強調，這種力量不會去區分破壞性和建設性的思想，它會將貧困的思維轉化為現實，也會幫助我們將致富的思考付諸實踐。

他也應該告訴我們，我們的大腦就像磁鐵一樣，會「吸引」與我們主要想法相符的力量、人和情況。雖然沒有人能完全理解這個過程，但我們的主要想法確實像磁鐵一樣，會讓我們被和主要想法一致的力量、人、情況所吸引。

他應該指出，在我們能夠積累大量財富之前，我們需要讓自己的思想被強烈的致富渴望所吸引，我們必須有「金錢意識」，直到這股對財富的渴望驅使我們制定明確的致富計畫。

但亨利是詩人，不是哲學家，他的目的是以詩的形式傳達出這個偉大的真理，那些追隨他的人必須自己闡釋其詩詞間的哲學含義。

漸漸地，真理湧現，現在我們可以清楚地看到，本書中提到的原則蘊含著我們能否掌控個人財務命運的祕密。

渴望是改變命運的第一步

至此，我們已經準備好開始檢視思考致富哲學中，致富十三個法則的第一個。請保持開放的心態，在閱讀過程中要記住，這些法則並非一個人的發明，而是源自五百多位實際創造巨額財富的人的生命經驗——這些人出身貧寒，教育程度不高，也沒有任何特殊背景。這些原則對他們有效，你也可以為了自己的利益去實踐它們。

你會發現，實踐這些原則並不困難。

在你讀下一章中致富第一步之前，我希望你知道，其中一些實際資訊可能會徹底改變你的財務命運，就像它們曾經改變了我將要提到的兩個人的命運一樣。

我也想告訴你，因為這兩人和我的關係，我不可能逕自修改這些資訊，就算我想要也不可能。其中一位是我最要好的朋友，我們認識了超過二十五年。另外一位則是犬子。他們都取得了非凡的成就，而他們也大方地歸功於下一章將提到的原則，他們的故事是這些法則帶來影響的最佳例證。

許多年前，我在西維吉尼亞州賽勒的賽勒學院做畢業致詞。我在致詞時大力強調了下一章將提到的原則，其中一位畢業生肯定運用了這個原則，並轉化為自己的人生哲理。這位年輕人後來成為一位傑出的國會議員，在聯邦政府中擔任重要職務。這本書準備付印前，這位美國參議員寫信給我，明確表達他對下一章將提到的原則之看法，我決定將他的信附上，這將幫助你了解你即將獲得的寶貴知識。

親愛的拿破崙：

我作為國會議員的任期中，有機會更了解人們的問題，我寫這封信是希望能提供一些建言，可能會對許多人有幫助。

很抱歉，我必須先聲明，如果將我的建議付諸實踐，您在接下來幾年會需要很努力工作，也是很大的責任，但我還是想提出這個建議，因為我知道您非常熱衷於提供實用的協助。

你在賽勒學院做畢業致詞時，我正是該屆的畢業生。在那次演講中，您在我心中種下一個想法，因為這個想法，如今的我才有機會為國家服務，如果我未來還能有任何成就，這個想法也絕對功不可沒。

我想建議您在本書中放入您在賽勒學院致詞內容的概要及重點，藉此讓美國人有機會從您多年的經驗、您和其他幫助美國成為最富有國家的成功人士之關係中受惠。

就彷若昨日一般，我還清楚記得您提到亨利．福特在沒受過太多教育、身無分文又毫無人脈的情況下，採用了某種方式而飛黃騰達。您的致詞還沒結束，當下我就下定決心，不管要克服多少困難，我也要拼出自己的一片天。

今年、接下來幾年內，將有數千位年輕人將完成學業。他們每一個人將會尋覓像是您當年告訴我的實用鼓勵。他們會想要知道該注意什麼、該怎麼做才能開始起步。您可以告訴他們，因為您幫助許許多多的人解決了他們的問題。

如果您有機會提供寶貴的建議，請容我提議您在每本書中都加入個人分析列表，就像您多年前告訴我的，這個圖表將能幫助買書的讀者完整清點個人狀態，知道在其成功路上還有哪些阻礙。

像是這樣的列表能幫助讀您著作的讀者完整且毫無偏見地了解自己的優缺點，這也是他們成功與否的關鍵所在。這將是無價的協助。

現在有數百萬的人正掙扎著想要東山再起，我能以個人分享，我知道這些努力的人們一定會希望有機會獲得你對於解決其困境的建議。

您知道那些必須重起爐灶的人所面臨的困境。現今在美國有許多人都想知道該如何將想法轉化為現金，也有人必須從頭來過，在沒有資金的狀況下彌補其損失。如果有任何人可以幫助他們的話，那就是您。

若您出版了這本書，我希望能獲得第一本，並由您簽名的書。

祝順心

詹寧斯・倫道夫（Jennings Randolph）[2]

那場畢業致詞點燃了參議員詹寧斯・倫道夫心中的火苗，當時的他正準備踏入成年生活，這是他第一次真正理解「致富法則1：渴望」的強大力量。

---

2 詹寧斯・倫道夫後來為拿破崙・希爾的作品做出以下背書：「我在一九二二年知道拿破崙・希爾，那時我是出生地所在賽勒學院的學生。那年希爾先生到我們學校做畢業致詞。我聽著他的致詞，我聽到他言外之意，我能感覺到這個人的本質——智慧——與精神，以及其哲理。希爾先生說：『我們手中最有力量的就是心智的力量。』拿破崙・希爾彙整了美國有成就人士的成功之道，提供給所有人。我強烈推薦他的成功之道，能幫助你在所選擇領域達成想要的成就與貢獻之服務。」

第1章

渴望

所有成就的起點

致富法則1

用未來做賭注的強烈渴望

當艾德溫・巴恩斯從紐澤西州奧蘭治市的貨運火車爬下來時，他的外表可能看起來像個流浪漢，但他的想法卻有如國王一般！

他沿著火車鐵軌一路走到愛迪生的辦公室途中，腦袋裡的想法不停在轉。他看到自己站在愛迪生面前。聽到自己問愛迪生是否有機會能完成他這輩子最想做的事，也就是想要成為偉大發明家之事業夥伴的強烈渴望。

巴恩斯的渴望不只是個願望！而是超越了其他一切，一股熊熊燃燒、強烈的渴望。這股渴望非常明確。

這不是他去找愛迪生時才出現的渴望。巴恩斯心中這股渴望已經存在好一段時間。最初，當這股渴望剛出現的時候，或許只是個願望，但當他帶著這股渴望去見到愛迪生時，這已不再是一個簡單的願望而已。

幾年後，艾德溫・巴恩斯再次回到愛迪生面前，站在兩人第一次見面時的同一間辦公室裡。這一次，他心中的渴望已變成真實。他成為了愛迪生的事業夥伴，他人生中最重要的夢想已然成真。後來認識巴恩斯的人常常嫉妒他運氣好。人們看到他飛黃騰達的樣子，卻沒有花力氣去了解他成功背後的原因。

巴恩斯之所以會成功，是因為他選擇了一個明確的目標，將所有的力氣、意志力、努力都投入在達成這個目標上。他並沒有在抵達當天就成為愛迪生的事業夥伴。他願意從基層做起，只要有機會能夠踏出就算一步，更靠近目標一點，他都願意做。

五年過去了，他才終於得到了這個機會。那些年來，他沒有看到任何一絲希望，或任何保證可以達成渴望的機會。除了他自己之外，在其他人眼中，他只是愛迪生公司中的一顆小齒輪，但在他自己心裡，從開始在這間公司工作的那一天起，他就一直是愛迪生的夥伴。這就是明確渴望能帶來的力量，最了不起的例證。巴恩斯能達成目標，是因為他最想做的事情就是成為愛迪生的事業夥伴。為了達成這個目的，他訂定了一個計畫。他讓自己沒有後路可退。他堅持這個渴望，最終成為他一生的執著——最後成為了事實。

他去奧蘭治市的時候，他沒有告訴自己說：「我要試試看讓愛迪生給我一份工作。」他說的是：「我要去見愛迪生，告訴他我要成為他的事業夥伴。」他沒有說：「我要到那裡工作幾個月，如果沒有機會就辭職，再去找別的工作。」他告訴自己：「我有什麼工作就做什麼。愛迪生要我做什麼我就做，在結束前，我會成為他的事業夥伴。」

他沒有說：「我會留意其他機會，以免我沒有在愛迪生的公司得到我想要的。」他告訴自己：「在這個世界上我決心只要做一件事，那就是成為愛迪生的事業夥伴。我不要給自己留後路，我賭上自己所有的未來得到我想要的。」

他讓自己沒有後路可退，不成功便成仁。

這就是巴恩斯成功的故事！

無路可退，唯有向前走

很久之前，有一位英勇的戰士面臨了一個情況，他必須做出一個攸關戰役成敗的決定。那時他必須出兵對抗敵軍，而對方的兵力遠勝於他的軍隊。他讓士兵都上船，開到敵軍地盤，讓士兵與武器都運下船後，下令將船全部燒毀。他在第一場戰役開打前向軍隊說：「你們都看到船上在冒煙。這代表除非我們打贏，不然就不可能活著離開這個岸邊！我們別無選擇。我們要不贏，要不就死路一條！」

最後他們贏了戰役。

那些能成功的人，一定願意破釜沉舟，讓自己無後路可退。唯有如此，才能**維持強烈求勝的渴望，這對成功來說至關重要**。

芝加哥大火發生的隔日早晨，一群商人站在州街（State Street）上望向被燒毀且仍在冒煙的建築物，這些建築物本來是他們的店。[3]他們一起開會決定是否要重建，或者離開芝加哥，到其他更有發展空間的地方從頭來過。他們達成共識要離開芝加哥——只有一個人反對。

那位決定留下並重建的商人，指著商店的灰燼說道：「各位，就在這塊地方，我要蓋一間全世界最棒的店，不管被燒掉幾次我都要做到。」

3 芝加哥大火從一八七一年十月八日一路延燒至十月十日，摧毀了四平方英里的面積，其中包括了商業區。兩百五十人在大火中喪生，九萬人無家可歸，財物損失估計達兩億美元。希爾的許多傳記照片、最重要的信件（包括部分來自幾位美國總統的信件）都不見了，最糟的是，數百位著名的美國成功人士答應參與希爾的研究，並因此填寫了問卷，那些問卷也在大火中付之一炬。

當時是一八七一年。這間店蓋起來了，在在展現了強烈渴望所具備的力量。對馬歇爾．菲爾德[4]來說，跟其他店鋪主人一樣最簡單。當遇到困難，未來看似悲慘時，他們停了下來，往看起來比較平坦順利的道路走去。

好好注意馬歇爾．菲爾德和其他商人的差別，讓艾德溫．巴恩斯從其他曾為愛迪生工作的千百人中脫穎而出的，也是同樣的道理。幾乎所有成功者與失敗者之間都有同樣的差異。

致富的六個行動

每個人在開始能理解金錢目的這個年紀時，都希望能得到財富。希望並不能帶來財富，但以渴望財富的思考方式，成為一股執念，接著訂下明確的計畫和做法去取得財富，並以不接受失敗的毅力推動著這些計畫，這樣做才能帶來財富。

要將渴望財富轉化為實際財富的方法，包含了以下六個明確的實際行動：

❶ 在心裡設定你所渴望的確切金額。純粹只是說「我想要很多錢」並不夠。金額要明確。

（為什麼要明確，這背後有其心理學的原因，之後的章節會提到。）

4 Marshal Field，二十世紀初期美國著名的企業家，他在零售業和商業界的影響力深遠，特別是在芝加哥。他的馬歇爾．菲爾德百貨公司（Marshall Field & Company），後來成為美國最大的百貨公司之一。

❷決定好你為了得到渴望的財富，願意付出多少。（因為「天下沒有白吃的午餐」。）
❸設定好你想要獲得渴望財富的明確日期。
❹訂定一個明確能達成渴望的計畫，立刻執行，不管你準備好了沒有。
❺清楚且精準地寫下你想要得到的財富金額、取得期限、願意付出什麼來換取這個財富，並清楚描述如何累積此財富的計畫。
❻把你寫下來的內容大聲讀出來，一天兩次，分別在晚上睡前和早上剛起床時這樣做。在讀的過程中，想像、感受並相信你已經獲得這筆財富。

請照著這六點指示做，這非常重要。第六點的指示又特別重要，請好好遵照指示進行。你可能會抱怨，不可能在實際致富前「想像自己已經擁有了這筆財富」，而此時強烈渴望就能幫上你的忙。如果你真的強烈渴望致富，渴望已經成為一種執念，你自然能說服自己將得到這筆財富。目標是想要財富，並下定決心要取得這筆財富，因而得以說服自己你將獲得這筆財富。

只有那些有「金錢意識」的人可以累積驚人的財富。金錢意識的意思是，你的腦中充滿了對於財富的渴望，因此可以想像自己已經獲得這筆財富的樣子。

對於那些不了解人類思維運作原則的人來說，這些看起來可能不太實用。對於那些不了解這六個步驟的人，這樣說或許會有幫助：這六個指示都來自安德魯・卡內基，他從一個煉鋼廠的普通勞工做起，儘管沒有雄厚驚人的背景，卻靠著自己的力量讓這些原則幫助他累積超過一億美元的驚人財富。不僅如此，這六個指示還被愛迪生仔細檢視過，他個人親自認證這六項指示不只對於累積財富至關重要，對於要達成任何明確目標都不可或缺。

這些步驟不要求「辛苦勞力」，也不需要「犧牲」，不需要你變得荒謬可笑或思慮欠周，不用受過很多教育就能實踐。但要成功完成這六點，的確需要足夠的想像力，要能看到並理解財富的積累不能單靠機會和運氣。你必須理解所有累積鉅富的人一開始一定有夢想、希望、許願、渴望並計劃，最後才得到財富。

在此，你也應該知道你不可能累積驚人財富，除非你對財富有極強烈的渴望，並真的相信你能得到財富。

所有成功者都敢於去夢

你要知道，從人類文明起始到現在，所有傑出的領導者都曾是夢想家。基督教成為全世界最有權勢的組織，因為創辦人是一位熱切的夢想家，他具備足夠的遠見及想像力，在一切轉化成真前，他有能力想像其思想及靈性的層面。

如果你無法想像驚人財富，你就永遠無法看到這財富出現在你的銀行存摺上。

對於實際的夢想家來說，美國現在擁有了前所未見的大好機會。近期經濟情勢不穩的狀態，導致很多人都必須重新歸零。接下來是一場全新的比賽。這場賭注代表著未來幾年將可能累積的巨額財富。比賽的規則已經改變，因為時代已經改變，在過去恐懼往往會癱瘓個人和經濟成長，但對於不久之前還沒什麼機會成功的人來說，現在局勢對他們更有利了。

我們這些參與致富比賽的人應該會很高興知道，這個已經改變的世界正需要新的想法、新的做事方式、新的領導者、新的發明、新的教導方式、新的行銷做法、新書、新的文學、新的大眾傳播特色、新的休閒娛樂。在這些對更新、更好事物的需求背後，是一個必備的特質，擁有了這個特質有可能成功，也就是明確的目的：了解自己想要什麼，以及對這個目標的強烈渴望。

我們見證了世代的消逝與興起，新的時代需要實際的夢想家，那些可以且願意將夢想付諸實踐的人。實際的夢想家一直都在創造人類文明，未來也將持續。

渴望累積財富的人應該謹記，世界上那些真正的領導者都曾運用潛在機會無形的力量，將那些力量（或者是衝動想法）轉化為摩天大樓、城市、工廠、飛機、汽車，和其他任何讓生活變得更加愉快美好的便利事物。

這個時代的夢想家必須具備忍耐和開放的心胸。那些害怕新想法的人，在還沒開始之前就注定失敗。這是一個有史以來對開拓先驅最有利的時代，沒錯，現在不像那個遮篷馬車的年代，已經不需要去「蠻荒的西部」拓荒，但卻有龐大的商業、金融、工業需要重新規劃重整。

在你規劃如何致富時，不要讓其他人影響你，不要讓其他人嘲笑你的夢想。如果要在這個新的時代贏下一局，你必須抓住過往時代傑出開創人士的精神，他們的夢想為人類文明做出了許多貢獻。這個精神正是美國的命脈——對於徹底利用美好機會的強烈渴望，不管是你的還是我的，一起在這個自由之地創造並推銷我們的才能。

別忘記，哥倫布曾夢想一個未知的世界，並賭上人生，最終發現了新大陸！偉大的天文學家哥白尼夢想一個多重的世界，並向世人揭露！他成功後，沒有人指責他「不切實際」。相反的，全世界都尊崇其成就，這再一次證明「成功無需辯護，失敗則不由辯解」。

如果你要做的事是對的，你也真心相信，就去做吧！傳達你的夢想，如果遇到暫時的挫敗也別在意「他們」怎麼說，因為「他們」很可能不知道**所有的失敗都藏著成功的種子**。

世界會獎勵不放棄的夢想家

曾經貧困又沒受過什麼教育的亨利·福特夢想著一輛「不用馬拉的車廂」，拿著手上僅有的工具就去執行，他沒有等待一個有利的機會到來才行動，而現在，全世界都可以見到他的夢想。在他之前，沒有人像他一樣為車廂加上這麼多輪子，這是因為他不怕為自己的夢想背書。

愛迪生夢想著有一個可以用電點亮的檯燈，他立即採取行動，儘管失敗了超過一萬次，他還是堅持著他的夢想，直到成功為止。**實際的夢想家不會放棄！**

林肯夢想能解放黑奴，他付諸實踐，差一點就沒能親眼見證美國南北方統一的夢想成真。

懷特兄弟夢想著一架能飛上天空的機器，現在，在世界各地都能看到他們當初做的並不是一場白日夢。

馬可尼夢想著有一套系統能運用電磁波無形的力量，全世界的收音機和電視機都證明他做的不是白日夢而已。除此之外，馬可尼的夢想讓最簡陋的小屋和最宏偉的大莊園變得更靠近了，讓全世界變成了一個地球村，美國總統因此得以能在很短的預告時間內向全國人民發表談話。你可能會想知道，馬可尼的「朋友」曾經把他關進精神病院去做檢查，因為他宣稱自己發現了一個方法，能在空中傳遞訊息，不需要電線或其他直接實體的通訊方式就能做到。現今的環境對夢想家又更友善了。

這個世界更能接受新發現。並願意獎勵那些提出新點子的夢想家。

該醒了，確立自己作為夢想家的存在。你的命運正處於有利的態勢。全球經濟的不確定性提供了你一直在等待的機會。這一波經濟情勢教會了許多人保持謙卑、忍耐和開放的心胸。

這個世界充滿了過去夢想家從不知道的各種機會。

危機不過是成功的前哨站

有一股強烈想要達成並勇於實踐的渴望，這是夢想家必須走過的起點。冷淡、懶惰、毫無野心並無法孕育出夢想。

你可能曾經失望，曾經在景氣差的時候遭遇挫敗，你可能曾經心碎淌血。鼓起勇氣吧，這些經驗鍛鍊了你的心智——這些都是難以計量的寶貴資產。

別忘記，那些在人生中成功的人一開始都不順利，他們經歷了許多心碎的掙扎才「抵達目的地」。那些成功人士人生的轉捩點通常出現在某些危機時刻，他們在那些經驗中認識了自己的「另外一面」。

約翰．班揚寫的《天路歷程》是英語文學中最了不起的作品，他在寫下這本書之前正在蹲苦牢，因為自己對於宗教的看法而受到嚴酷懲罰。

歐．亨利[5]在遭遇重大不幸並於俄亥俄州的哥倫布入獄後，才找到內心沉睡的才華。在不幸的際遇中，他被迫發掘了「另一個自我」，並被迫運用想像力，進而發現了自己可以成為一位傑出的作家，而不是悲慘的罪犯和社會邊緣人。

人生有各式各樣的道路，很不可思議，更不可思議的是無限的智慧，透過這些智慧，人類有時會被迫經歷各種麻煩和苦難，最終才能發現自己的聰明才智，並發現自己能夠透過想像力創造出有用的想法。

世界上最偉大的發明家和科學家愛迪生，一開始只是一個「邋遢的」電報員。他失敗了無數次，才終於找到心中沉睡已久的創造才能。

查爾斯．狄更斯一開始的工作是在鞋油罐上貼標籤。他的初戀所遭遇的悲劇，對他影響甚鉅，並因此成為世界上最偉大的文豪之一。那場悲劇首先催生了《塊肉餘生記》（*David*

5 O. Henry 是威廉．席尼．波特（William Sydney Porter）的筆名，他是諷刺大師，善於創造出乎意料的結尾，並浪漫化尋常平淡之事。他侵占了任職銀行的公款，但沒有被判處牢獄重刑，只在俄亥俄州監獄關了三年又三個月，就因表現良好出獄。

Copperfield）這個作品，接下來一系列的作品為讀者帶來一個更豐富且美好的世界。[6]（失戀會讓許多人買醉，毀掉一些人的人生——這是因為大部分的人都沒學過將最強烈情緒轉化為有建設性夢想的藝術。後面章節將會進一步討論這個「轉化」的力量。）

海倫・凱勒（Helen Keller）出生沒多久就失去了聽力與視力，接下來有許多年都無法說話。儘管遭遇不幸，她還是在歷史偉大人物的篇章上扎實地留下自己的印記。在接受失敗成為事實前，都不算失敗，而她的一生就是最佳明證。

勞伯・伯恩斯（Robert Burns）曾經是個不識字的鄉下窮小子，長大後又變成酒鬼。而這個世界因為他的存在而變得更美好，因為巴恩斯創作了美妙的詩詞，他拔掉了刺，並在原地種下了一朵玫瑰。

布克・華盛頓（Booker T. Washington）出生就是奴隸，在當時的社會中，他的種族和膚色都對其不利。因為他願意容忍，又總是對所有事物都抱持開放的心胸，再加上身為一位夢想家，因此在美國歷史中永遠留下了自己的印記。

貝多芬聽不見，米爾頓看不到，但他們的名字將會隨著人類文明永存，因為他們懷抱夢想，並將夢想轉化為有組織的想法。

6　狄更斯滿十二歲的隔兩天，他的父親入獄，母親將他送到一間生產黑色鞋油的鞋油工廠，每天在骯髒、充滿老鼠的倉庫工作十二個小時。狄更斯從來沒有忘記這些過去，並多次在小說中用到這些經驗。後來，他和英國銀行家女兒瑪麗亞・畢德威爾（Maria Beadwell）的愛情也以失敗收場。十八歲的狄更斯在法院擔任低薪的速記員，瘋狂愛上十九歲的瑪麗亞。瑪麗亞的父母看不上狄更斯，最終將瑪麗亞送到巴黎完成學業。瑪麗亞・畢德威爾據信是他在《塊肉餘生記》中多娜這個角色的靈感來源。

在進入下一章之前，先下定決心點燃心中信念、勇氣和忍耐的火苗。只要你能進入這樣的思維，並能運用本書提及的原則，其他一切所需將水到渠成——只等你準備好。

想要某個東西和準備好接受這個東西，這兩者並不一樣。你要能相信自己可以得到這樣東西，你才是真正準備好了。你心中必須懷抱著信念，而不只是希望或願望。**開放的心胸對於信念至關重要，狹隘的心胸不會產生信念或勇氣。**

記得，將目標放得高遠、要求豐碩成功的人生所需要的，跟接受悲慘貧困所需要的其實是一樣的。傑西．瑞特豪斯（Jessie B. Rittenhouse）在其詩作〈我的工資〉中就精準地寫出這個普世真理：

> 我和生活討價還價，生活已不願再多付我一分錢，
> 儘管如此我仍數著所剩無幾的積蓄，在夜晚請求。
> 生活是很公平的雇主，你要什麼就給什麼，
> 可是工資一旦訂下，你就必須完成工作。
> 我做著一份薪資微薄的工作，最後卻懊惱地發現，
> 無論向生活討多少工資，生活都願意支付。

勝過先天的不可能

我想要介紹一位非常與眾不同的人，正好作為這章的結論。我第一次見到他時已經是很多年前的事了，那時他才剛誕生在這世界上幾分鐘而已。他出生的時候沒有耳朵，醫生在被詢問後坦承，這個孩子可能一輩子都是聾啞人士。[7]

我質疑醫生的看法，我有權這麼做，我是那個孩子的父親。我同樣也做了一個決定，但我沒有告訴別人，這是我的祕密。我決定要讓我的兒子能聽也能說。大自然可以給我一個沒有耳朵的孩子，但大自然無法讓我接受這個痛苦的事實。

在我心中，我知道兒子聽得到也能說話。我如何得知？我確定一定有個辦法，我知道我會找到這個辦法。我想到偉大的愛默生曾經說過：「所有的事物都是要教我們保持信念。我們只需遵循。我們每個人都有可依循的引導，謙卑傾聽，我們將會聽到正確的指引。」

正確的指引？**渴望！**我最渴望的就是我的兒子不是聾啞人士。自從有了那個渴望，我就沒有退卻過，一次也沒有。

許多年前我曾寫道：「唯一限制我們的是我們在心中畫地自限。」而這是我第一次思考，這句話到底是不是真的。在我面前的是一個沒有耳朵的新生兒。雖然他可能最終能聽能說，但他已終身毀容。這個限制當然不是這個孩子自己在內心中設下的局限。

我用某種方式把自己強烈的渴望灌輸到孩子心中，找到辦法在沒有耳朵的情況下，將聲音

7 譯註：當時還沒有現在常見的重建手術。

傳達到他的大腦。

等到這孩子夠大，我會在他心中大量灌輸能聽見的強烈渴望，而大自然則會用自己的方式，將這股渴望轉化成真。我的這些想法沒有告訴任何人。每一天，我都發誓，不要接受兒子殘疾的現況。

隨著他長大，開始注意到身旁事物，我們發現他有一點點聽力。當他到了通常會開始說話的年紀，他沒有嘗試說話，但我們從他的行為中發現，他可以微微聽到聲音。對我來說這樣就足夠了！我相信就算他只能聽到一點點，還是有機會能發展出更好的聽力。然後發生了一件意料之外的事，給了我希望。

改變命運的留聲機

我們買了一臺老式的留聲機。當孩子第一次聽到音樂時，他整個人好快樂，立刻就把這台機器占為己有。很快地，他展現出對特定唱片的偏好，其中一首歌是〈漫漫長路到蒂柏雷里〉。有一次，他一直重複放那首歌，放了將近兩個小時，他站在留聲機前，整個人就巴在機器上。我們當時都還不了解他這個習慣有什麼重要性，直到多年之後才恍然大悟，畢竟我們當時沒聽過「骨傳導」聲音的原則。

沒多久之後，我發現當我講話時，把嘴唇接觸他的乳突骨（他的頷骨處，接近他本來耳道的位置），他就可以聽得很清楚。這些發現讓我心中想要幫助兒子發展聽力和說話能力的強烈渴望得以付諸實踐。那時，他正開始嘗試說特定的字詞。可能性看起來不是很高，但因為我心中有一股渴望，我知道沒有什麼是不可能的。

我確定他可以聽到我的聲音之後，立刻開始在他腦袋中灌輸聽到和說話的渴望。我很快就發現他喜歡聽床邊故事，於是便開始創作各種故事，這些故事能鼓勵他自力更生、發展想像力及對於能聽見的強烈渴望。

其中有一個故事我會特別強調，每次講這個故事的時候我都會再加上一點新的或戲劇化的細節。目的是要在他心中種下一個種子，讓他知道他的殘疾不是負擔，而是寶貴的資產。雖然我研究過的所有哲理都清楚說明「每個逆境都會帶來同等順境的種子」，但我必須坦承，當時的我完全想不到這樣的殘疾將如何成為一項資產。儘管如此，我還是繼續練習用床邊故事包裝那些哲理，希望有一天他會找到某個方式，運用自己的殘疾做些有用的事情。

理智清楚告訴我，沒什麼可以彌補沒有耳朵的缺憾。但由信念所支撐的渴望將理智推到一旁，鼓勵我繼續嘗試。

聽障小男孩的渴望

而當我回顧這個經驗時，我發現之所以後來結果驚人，有很大一部分都是因為兒子對我很有信心，他從來不會質疑我告訴他的任何事情。我告訴兒子，他有一個哥哥沒有的獨特優勢，這個優勢會反映在很多面向上。我們發現這孩子的聽力逐漸在進步。不僅如此，他也不會因為自身的殘疾而變得不自在。大概是在他七歲的時候，我們第一次發現，我們向他灌輸的想法開始有了成效。那時他想要賣報紙，花了好幾個月央求我們，但他媽媽一直不願意答應。她擔心兒子聽障的問題，自己獨自到街上會不安全。

最後，他決定自己來。一天下午，他自己待在家，家裡只有傭人在，他從廚房窗戶爬了出去，他向附近的鞋匠借了六分美元，拿來投資買報紙，賣出報紙後，再用來買報紙，持續重複這個過程，一直到晚上。結算餘額把向「銀行」借來的六美分還清後，他淨賺四十二美分。我們那天晚上到家後，發現他已經入睡，小小的手裡緊握著那些錢。

他的媽媽鬆開他的手，把零錢拿出來後就哭了。看到兒子第一次成功卻哭了，似乎很莫名其妙。我的反應則恰恰相反。我開心大笑，我一直努力要在這孩子腦袋中灌輸相信自己的態度，我知道這個做法成功了。

對於他的第一個事業，他的媽媽看到的是一個小小聽障男孩自己跑到街上，為了賺錢冒著生命風險。我則看到一個勇敢、有企圖心又能自立的小小企業家，他的個人股價翻倍，因為他自己決定去做生意，還成功了。我對此很滿意，因為我知道他展現了足智多謀的特點，這將讓他受用一輩子。後來的發生的事情也證明了這點。他的哥哥想要什麼東西就會躺在地上又踢又叫——然後得到想要的東西。當這個「小小聽障男孩」想要什麼的時候，他會想辦法賺錢，然後自己買。後來一路到成年，他都依循著這個模式。

沒錯，我自己的兒子教會我，殘疾可以轉化為踏腳石，踩著這個踏腳石邁向更棒的目標——除非我們將那些殘疾視為障礙，拿來為我們的行為辯解。

這個小小的聽障男孩一路讀完小學、高中、大學，過程中都聽不到老師說話，除非老師在近距離對他大喊。他沒有去讀特殊教育學校。我們決定他應該盡量過正常的生活，和聽力正常的小孩互動，我們一直如此堅持，雖然過程中不時會和學校有所爭執。

高中的時候，他試過戴助聽器，卻沒什麼幫助。大學最後一週發生了一件事，成為他一生中最重要的轉捩點。機緣巧合下，他收到另一副讓他試用的助聽器。他沒有欣然答應試用，因為之前用助聽器的經驗讓他很失望。最後他把助聽器隨意地戴在頭上，結果當下彷彿出現魔法一般——他這輩子期待擁有正常聽力的渴望成真了！這是他人生中第一次聽到和正常的人一樣的聲音。

這副助聽器「改變了他的世界」，他當下欣喜若狂，趕快打電話給媽媽，清楚聽到了媽媽的聲音。隔天在課堂上，他這輩子第一次清楚聽到了教授的聲音。之前，教授要在近距離大吼，他才聽得到。他聽到了廣播的聲音，他聽到電影的聲音。這是他人生中第一次能自在地跟其他人聊天，不用讓對方提高音量。沒錯，他得到了改變自己世界的東西。我們拒絕接受大自然的失誤，靠著持續不斷的渴望，我們讓大自然修正了錯誤，提供了實用的解方。

將困境轉化成生意

渴望開始分紅，但這場勝利還沒完全結束。這個孩子還會找到一個明確且實際的方式，將其殘疾轉化為同等的資產。

他還沒體認到發生了什麼重要的事情，但因為首次能好好聽到聲音實在太開心了，他因此寫了一封信給助聽器的廠商，熱切地分享他的經驗。他在信中傳達的某種訊息，讓這間公司決定邀請他去紐約。他抵達的時候，被邀請去參觀工廠，他和首席工程師分享他的世界因此被改變，此時，一個直覺、想法、靈感（看你要怎麼稱呼都可以）突然在腦中湧現。這個突如其來的想法將其殘疾轉化為資產，並為數以千計的其他人帶來財富與幸福。

這個想法的概要如下：如果他能找到方法分享他的世界因此改變的故事，或許就能幫助其他幾百萬個沒有機會使用助聽器的聽障人士。當下他決定，要奉獻自己的一生幫助聽障人士。

他花了一個月的時間分析助聽器製造商的整個行銷系統，找到一個可行的做法，向世界各地的聽障人士分享「他的世界就此改變」的故事。他根據自己的研究發現，訂下一個為期兩年的計畫。而製造商也提供他一個能將此計畫付諸實踐的職位。

他去工作的時候並沒有想到，他的使命就是要為數以千計的人帶來希望和解方，沒有了他的幫助，那些人可能永遠無法克服聽力障礙。

他開始工作沒多久後，便邀請我去上公司開的一堂課，內容是教導聽障人士如何聽和說。我先前從來沒聽過這樣的課程；去聽那堂課的時候，我一方面心裡存疑，另一方面也希望我的時間不會就此白白浪費掉。在課堂上，我更清楚看到了自己過去為了激起兒子持續對正常聽力懷抱渴望，一路以來所做的努力。課堂上教導聽障人士聽和說的方式，採用的正是我超過二十多年來用在兒子布萊身上同樣的原則。

如果他媽媽和我一路以來沒有這樣形塑他的思維，我相信布萊不會有辦法聽到聲音並說話。他出生時，醫生告訴我們這孩子可能一輩子都聽不到，也無法說話。後來，一位在治療相關病症很知名的醫生厄文．佛西斯（Dr. Irving Voorhees）為布萊做了徹底檢查。他知道我的兒子能聽也會說話的時候相當震驚，他說，他檢查的結果顯示，「這個孩子理論上應該完全聽不到。」

當我在布萊心中灌輸一個能聽能說、正常生活的渴望後，隨著那個想法而生的是一股不可思議的力量，成為橫跨他大腦與外在世界那片沉默海灣的「搭橋者」，就連最厲害的專科醫生也無法理解。如果我說自己完全理解大自然如何創造這個奇蹟，那就太不敬了。我在這個不可思議的經驗中扮演了一個微小的角色，如果因為個人疏忽而沒有告訴世人我所知道的一切，就太不可原諒了。我有責任也很榮幸的說，我相信對於一個能用長久信念支持著渴望的人，沒有什麼是不可能的。

強烈的渴望在轉化成真的過程往往迂迴。布萊渴望擁有正常的聽力。他也得到了！他出生就有聽力缺陷，如果沒有明確的渴望，很可能會淪落到街頭賣東西。這個缺陷成為了一個媒介，幫助他提供更多聽障人士有用的服務，也讓他在接下來幾年得到一個收入不錯的工作。

我在他還小的時候，灌輸他的小小「白色謊言」（讓他相信他的缺陷會成為能好好利用的強大資產）證明是對的。果然，**有了信念和強烈渴望，沒有什麼無法成真**。這些特質人人都有。

在我協助許多人處理問題時，這個案例是展現渴望力量的最佳明證。作家往往會犯的一個錯誤，就是寫那些他們所知片面或了解不多的主題。因為我兒子的缺陷，我有機會能測試渴望的力量是否有用。或許這樣的經驗都是恰好發生的，因為當我們要檢驗渴望的力量時，一定沒有人像他準備得一樣好。如果世界因為一個人的強烈渴望而改變，那麼區區人類是否就能戰勝這樣的渴望？

人類思考的力量就是如此不可思議又難以估量！我們不了解人類思考的力量如何在所有情境、所有人、所有實體中，將渴望轉化為同等實體。說不定科學有一天可以解開這個謎團。

我在兒子的腦中灌輸了渴望正常聽和說的想法。那股渴望變成真的。我在他腦中灌輸要將自己最大缺陷轉化為最強大資產的渴望，這股渴望成真。要說明這個驚人結果如何達成也不難，其中包含了三個明確的行動：首先，我將信念結合想得到正常聽力的渴望，傳遞給兒子。第二，我在幾年的時間內，持續用各種我可以想到的方式將這個渴望傳達給兒子。第三，他相信我！

用信念傳達渴望

這章寫完的當下，舒曼．海因克[8]夫人過世的消息傳來。新聞上短短一段關於她過世的消息給了我們一些線索，了解這位不凡女性極其成功的歌手生涯。我引用了部分的段落，因為這

8 Ernestine Schumann-Heink，著名的歌劇女低音歌手。

個線索講的正是渴望。

在她歌唱生涯初期，舒曼．海因克夫人拜訪了維也納國立歌劇院的總監進行試鏡，但總監並沒有錄取她。他看了一眼這個奇怪又穿著破舊的女孩，毫不掩飾地驚叫道：「你這樣一張臉，又完全沒有個性，來唱歌劇怎麼可能會成功呢？好孩子，放棄吧！買臺縫紉機，然後去工作。你永遠都沒有辦法成為歌手。」

永遠是一段很長的時間！維也納國立歌劇院的總監熟悉歌唱技巧，卻不太了解當渴望成為執念，這股渴望的力量有多大。如果他知道的話，就不會犯下不給機會就責備一位天才的錯誤。

幾年前，我有一位事業夥伴生重病。他病得越來越嚴重，最後入院動手術。就在他被推進手術室前，我看了看他，心想他這麼瘦弱，有辦法撐過這樣的大手術嗎？手術醫師警告我說，要再看到他的機會很渺茫。但那是醫生的看法，病人自己不是這樣看。就在他即將被推走前，他虛弱地用氣音對我說：「別擔心，老大，我幾天後就出去。」隨同的護理師帶著同情的眼神看著我。但這位病人最後真的平安出院。手術過後，他的醫師說：「完全是他自己想要活下去的渴望救了他。要不是他拒絕接受死亡，他根本不可能撐過去。」

我相信在信念支撐下渴望的力量，因為我看過這股力量讓那些出身卑微的人得到權力及財富。我看過這股力量讓人免於死難，我見過這股力量幫助那些遭受了一百種不同挫敗的人東山再起，我見證這股力量讓我自己的兒子獲得一個正常、幸福、成功的人生，儘管出生時身體有嚴重缺陷。

那要如何掌握並使用渴望的力量呢？本章接下來的章節都回答了這個問題。美國有史以來損失最慘重的經濟動盪正要落幕，對於那些個人財務遭受嚴重影響的人、那些損失財富的人、那些失去工作的人，還有許多那些必須重新調整計畫並東山再起的人，很有可能會注意到這個訊息。我希望傳遞這個想法：**無論本質或目的，所有的成就必須從一個有明確目標的強烈渴望而起**。

大自然從沒透露過，但透過某種不可思議又充滿力量的「心理化學」原則，大自然在強烈渴望中蘊藏著「某種東西」，不接受「不可能」，也不接受失敗。

幸好，大自然也給予了我們某種方式，將這股渴望堅定地傳遞到我們選擇並尋覓的目標。這就是致富法則2：信念。

第2章

信念
想像並相信能達成渴望的目標

致富法則2

信念是大腦的首席化學家。當信念結合「思想的振動」，潛意識會立刻接受到這個振動，轉化為同等的精神存在，然後傳遞給無限智慧，就像是禱告一樣。

信念、愛、性等情緒感受是所有主要正向情緒中最有力量的。當這三者結合時，有為思想振動「增色」的效果，讓振動能立即傳送到潛意識，並在此轉化為同等的精神存在，這是**唯一能從無限智慧得到回應的方式**。

培養信念，將渴望轉化成現實

以下敘述能幫你更清楚了解自我暗示原則在將渴望轉換為實體或金錢時的重要性：信念是一種心理狀態，能透過自我暗示的方式，向潛意識確認或反覆指示而產生。

舉個例子，想一下你閱讀本書的主要目的。目標當然是獲得能將渴望的無形思想轉化為實體——也就是金錢。如果你能照著自我暗示（第三章）和潛意識（第十一章）章節所指示的去執行，就能說服你的潛意識，你相信自己可以得到想要達到的目標。你的潛意識會根據那個想法，再透過信念的形式傳回給你，接著再依據明確目標追求你所渴望的事物。

要描述一個人在無中生有的狀況下培養出信念的方法，很不容易，就像是要向從來沒看過顏色的盲人描述紅色，也沒有任何東西可以去比較你所描述的顏色。在你掌握本書提到的十三個原則後，你就能任意培養出信念的心理狀態——透過主動運用這些原則後所培養出來的。

對潛意識進行重複或確認的指令，是唯一能刻意培養出信念的方法。

或許透過以下解釋，更能清楚說明為什麼有些人會成為罪犯。就如同一位知名的犯罪學家說過的：「大家一開始接觸到犯罪行為的時候，都相當厭惡。如果持續接觸一段時間，就會開始習慣並忍受其存在。如果持續接觸夠長的一段時間，就會接納並受到影響。」

這句話的意思其實就是說，任何衝動的念頭如果重複傳達到潛意識，最終將會被潛意識接受並執行，潛意識會透過最實際的可行方式，將這個念頭轉化為實體存在。

關於這點，可以再次想一下這句話：**所有被賦予情緒（感受）的想法，在與信念結合之後，會立刻開始轉化為實體存在**。

結合情緒才能顯化

想法的情緒，或者說「感受面」，是能賦予想法活力、生命和執行力的要素。當信念、愛、性的情緒結合了任何衝動的念頭，會比這些個別情緒產生更強大的執行力。

這不只包括信念結合的衝動想法，衝動念頭和任何正向或負面情緒結合之後，都可能傳達到潛意識並影響潛意識。

由此可以理解，無論是負面、毀滅性的衝動念頭，或是正向、有建設性的衝動念頭，潛意識都能將其轉化為同等的實體存在。這就說明了數以百萬計的人都曾遭遇的奇異現象，他們將之稱為「不幸」或「運氣差」。

非常多人相信因為某種他們自己沒有辦法控制的奇異力量，「注定」過得貧困、失敗。因為這個負面的信念，他們成為了自我不幸的創造者，他們的潛意識接收到了這個信念，並將其轉化為同等的實體存在。

我要再次提醒，如果你能向潛意識傳達任何可轉化為實體或金錢存在的渴望，並相信這個轉變將會成真，那你將能藉此獲益。你所相信的，或者說你的信念會決定潛意識將採取的行動。沒有什麼能阻止你透過自我暗示，藉此「欺騙」你的潛意識，就如同我當初欺騙我兒子的潛意識一樣。

為了要讓這個「欺騙」變得更真實，當你試著影響你的潛意識時，要**展現已經擁有你所追求實質事物的樣子**。

潛意識會透過最直接且實際可行的方式，將信念傳遞的任何指示轉化為等同的實體存在。當然，至此你已經得到足夠的資訊，可以透過實驗或練習，獲得將信念結合潛意識得到的任何指示。熟能生巧，你不可能只閱讀過指示就能變得熟練。

如果一個人只是常常暴露在犯罪的環境就可能成為罪犯（而這也是事實），那一個人或許也可以透過刻意向潛意識自我暗示，而培養出信念。思想最終會呈現出主要影響心智的力量，你了解這個真理後，就會知道為什麼鼓勵正向情緒成為主導你思考的主要力量（以及減少、消除負面情緒）這麼重要。

一個充滿了正向情緒，或「正向心態」的心智是培養信念的最佳所在。這樣的心智狀態可以隨心所欲地給予潛意識指示，潛意識會接受並立即採取行動。

信念是一種可以受到自我暗示而形成的心理狀態。

自古以來，宗教狂熱份子都一直規勸受苦的人類要對各種教義、信條「保持信念」，但卻沒告訴信眾要如何擁有信念。他們沒有告訴信眾「信念是一種心理狀態，可以透過自我暗示而達成。」

本書會以淺顯易懂的方式說明，如何在還沒有信念的狀態下，培養出信念的原則。

要對自己有信心；對無窮無限保持信念。

在我們開始之前，請記得：

信念是「永恆的靈丹妙藥」，能賦予衝動想法生命、力量和行動力！

上述句子值得一讀再讀。值得你大聲唸出來！

信念是所有致富之道的起點！

信念是所有「奇蹟」和所有神祕事物的基礎，無法被科學的規則所分析！

信念是失敗的唯一解藥！

信念是一種「化學」元素，結合祈禱之後，能讓你直接與無限的智慧溝通。

信念能將人類有限大腦所創造出來的普通「思想振動」轉化為等同的精神存在。

信念是唯一能讓人類掌握並使用無限智慧的強大力量。

以上每一句話都能禁得起驗證！

自我暗示的吸引法則

要證明很簡單，也很容易展示，就含括在自我暗示的原則中。因此，讓我們一起將重點轉向自我暗示這個主題，了解自我暗示是什麼，又能達成什麼樣的結果。

大家都知道，如果我們一直自我重複一個想法，無論內容正確與否，最後都會相信這樣的想法。如果我們一再重複一個謊言，最後就會接受這個謊言是事實。不僅如此，還會相信這個謊言是真的。我們腦中占據的主導想法，形塑了我們每一個人。我們刻意灌輸自己的想法，感同身受鼓勵這個想法存在，並讓這個想法情緒結合，最後會產生一股動力，指引並控制我們的所有行動！

以下是一個至關重要的真理：

與任何感覺或情緒結合的想法會產生一個「具有磁性」的力量，能吸引其他類似的想法。

一個結合情緒後具有「磁力」的想法，就如一顆種子，當種到一片肥沃土壤中，會發芽、生長、不斷成長，最後原本那一顆小小的種子就變成無數同樣的種子！

所有人類的經驗、想法都發生在這個宇宙中，充滿了散發光芒的能量及「訊號」。從重力到磁力，從宇宙射線到X光、紅外線、可見光、聲波、雷達、短波、廣播和電視訊號，我們生活的世界裡一直不斷有各種能量「振動」，雖然我們只能直接察覺到其中非常小的一部分。

同樣地，想法的刺激就是能量「振動」，透過某種神祕、難以理解的方式，以電流的形式傳遞到大腦細胞。雖然我們還無法理解、也無法用科學方式解釋這個過程到底如何辦到，但顯然思想刺激就有如電磁輻射般「在環境中」，有些超感知覺（ESP）的實驗足以說明。

人類的經驗就像宇宙一樣，充滿了毀滅性與具有建設性的思想振動和「影響」。通常會有恐懼、貧窮、疾病、失敗、不幸的振動，還有繁榮、健康、成功、幸福的振動，這就像是環境中，透過電視或廣播的載體，會出現各式各樣的音樂、人聲等等，這些聲音全部都會維持其個別性及辨識的方式。

從這個經驗的「寶庫」中，人類的大腦會持續吸引和其腦中主導想法相似的振動。一個人腦中的任何想法、點子、計畫或目的，會從「存在的思想振動」吸引到類似的想法，再將這些吸引到的想法吸納，並不斷成長，直到這樣的想法成為這個人腦中主導、給予動力的主要想法。

現在，先回到起點，了解一下最初那個想法、計畫或目的的種子要如何植入腦中。這個概念很簡單：**任何想法、計畫、目的都可以透過重複的想法植入腦海**。接下來，請你寫下你主要目標的一段話，或是「明確的主要目標」，將這句話牢牢記住，每天重複大聲唸出來，直到這些聲音振動傳遞到你的潛意識。

我們透過日常生活環境的刺激，接收並保存的想法振動造就了我們。

下定決心拋開你成長過程中或目前所處不幸環境帶來的影響，然後重整你的人生。檢視你的心理資產和能力，你會發現你最大的弱點就是沒有自信。透過自我暗示原則的幫助，可以克服這個缺陷，將害羞轉化為勇氣：**將正向思考刺激寫下來、記起來、不斷重複，直到這個想法成為你潛意識運作的一部分。**

自信的公式

❶ 我知道我有能力達成人生中的明確目標，因此，我要堅持不懈，為了達到這個目標持續努力，我在此承諾將會付諸行動。

❷ 我知道我腦中主導的想法最後會轉化為實際的行動，並逐漸轉化為實體的存在；因此，我每天會花三十分鐘專注思考我想成為的人，在我腦海中構築一個清晰的形象。

❸ 我知道藉由自我暗示的原則，在心中一直追求的渴望最後都會透過某種實際方式付諸實踐；因此，我每天會花十分鐘督促自己培養自信。

❹ 我已經清楚寫下人生中明確的主要目標，直到成功培養出達成目標所需的足夠自信前，我都不會放棄。

❺ 我完全了解只有建立在真理和正義之上的財富及地位能長久；因此，我只會參與那些所有受影響的人都能獲益的交易活動。我會成功吸引那些我希望使用的力量，以及他人的合作。我會讓其他人為我服務，因為我也願意服務他人。我會消除憎恨、羨慕、嫉妒、自私、憤世嫉俗，並培養出對全人類的愛——因為我知道，對他人抱持著負面態度永遠無法為我帶來成功。我會讓別人相信我，因為我相信他們也相信我自己。

❻ 我會在這個公式下署名、牢牢謹記並每天大聲唸出來一次，在執行時，全心全意相信這段話將會逐步影響我的想法和行為，幫助我成為一個獨立、成功的人。

而這個公式的背後是截至目前為止還沒有人能解釋的自然法則。一直以來，科學家都對此感到困惑；心理學家稱之為「自我暗示法則」就結束了。

叫什麼名字並不重要。重點是真的有用——如果以有建設性的方式使用，將能為人類帶來榮耀與成功。另一方面，如果以破壞性的方式使用，同樣會立刻帶來毀滅性的結果。這段話裡蘊含了重要的真理，也就是那些失敗的人，那些一生貧困、不幸、痛苦的人，是因為他們用負面的方式使用自我暗示原則。原因可能是所有衝動想法往往會以對等的實際形體出現。

負面思考帶來的危害

潛意識（所有衝動想法在這個「化學實驗室」混合，準備好轉化為實體的存在）不會區分有建設性和毀滅性的衝動想法。潛意識純粹只是把我們的衝動想法當作素材。潛意識會把出於恐懼的想法轉化成真實，同樣地，潛意識也會把由勇氣或信念而生的想法轉化成真。

醫療史中有非常多「暗示自殺」的案例，負面暗示會導致一個人自殺。在中西部的一座城市裡，有一名叫做喬瑟夫．格蘭特（Joseph Grant）的銀行主管，在沒有取得主管同意下，向銀行「借了」鉅款，後來賭博把錢都輸光了。一天下午，銀行審查人員來檢查帳戶。格蘭特離開銀行，住進當地一間旅館，三天後被找到時，他躺在床上，反覆哀嚎哭著說：「天哪，我要死了！我沒有辦法忍受這麼丟人的事。」沒多久，他就死了。醫生宣告他死於「心理引發的自殺」。

就像電力能轉動產業的巨輪，提供有用的服務，若使用的方式不當，同樣會毀滅生命，自我暗示法則能帶你走向和平與繁榮的道路，也能帶你走進不幸、失敗、死亡的低谷，一切就看你領悟的程度及如何運用。

如果你腦中充滿了恐懼、疑惑、不信任自己有能力觸及並使用無限智慧的力量，自我暗示法則就會把這樣自我不信任的精神變成一種模式，潛意識會把這個模式轉化為等同的實體存在。

這段話是真的，就像是二加二等於四一樣千真萬確。

一如風能將一艘船送到東邊，另一艘送到西邊，自我暗示法則同樣能激勵你，也能將你擊倒，端看你如何揚起想法的帆。

任何人都可以透過自我暗示法則而達到無法想像的成就，以下這段話就貼切地形容了自我暗示法則：

你要是**覺得**被擊倒了，那就真的被擊潰了，
你要是**覺得**你不敢，那就不會去做。
如果你想要贏，卻覺得自己贏不了，
那就一定不會成功。
你要是**覺得**你會輸，那就已經輸了，
因為在這世界上
成功始於一個人的意志，
一切都關乎心理狀態。
你要是**覺得**不如人，那就真的比不上別人，
你要目標高遠才能振作奮起，
你要先對自己有信心，才可能贏得任何獎勵。
人生中，不會永遠都是最強或最快的人贏得戰役，
但遲早是**覺得自己會成功**的人能贏得勝利。

好好檢視那些粗體字，你會發現詩人在作品背後想要傳達的意思。

等待喚醒的天賦

你的內在（說不定是在你大腦細胞中）有一顆沉睡的成功種子，如果將之喚醒並付諸實踐，將能帶你走到從未想過可以達到的境界。

就像是音樂大師可以讓一把小提琴產生出最美妙的旋律，你也可以召喚出大腦沉睡已久的聰明才智，幫助你朝著想要的目標前進。

美國前總統林肯到四十多歲前，做什麼都失敗。他本是一個沒有背景的無名小卒，直到生命中發生巨變，喚醒了他內心沉睡的天賦，才成為一位舉世聞名的偉人。那次的經驗充滿了懊悔與愛。事件發生在安妮．拉特利奇（Anne Rutledge）身上，這是他唯一深愛過的女人。

眾所皆知，愛這個情緒非常接近信念的心理狀態，因為愛能將一個人的衝動想法轉化為等同的精神存在。在我漫長的研究歲月中，我分析過數百位傑出人士的畢生志業與成就，發現幾乎每一位都深受另一半的愛所影響。

如果你想看到信念力量的證據，可以研究那些運用信念力量的人所達成的成就。在這個名單中，第一個就是耶穌基督。基督教是影響了許多人心智的強大力量，其基礎就是信念，不管有多少人曾經曲解或錯誤闡釋這個強大力量的意義。

基督教誨與成就的重點常常被解釋為神蹟，但其實就是信念。如果真的有奇蹟，也只會透過信念創造出來。

信念是所有偉大宗教的基石。《舊約聖經．詩篇》中寫到：「耶和華的聖民哪、你們都要愛他。耶和華保護誠實人、足足報應行事驕傲的人。」使徒路加告訴我們：「司提反滿得恩惠能力、在民間行了大奇事和神蹟。」馬可則傳達耶穌對他說過的話：「女兒，你的信救了你，平平安安的回去罷。你的災病痊癒了。」

《可蘭經》中先知說道：「凡信仰並行善者，他們的主必依他們的信仰而引導他們，他們必居於諸河流過的恩澤的樂園中。」孔子在《論語》說道：「主忠信，徒義，崇德也。」《薄伽梵歌》中寫到：「根據一個人在各不同自然型態下的生存，他便發展了某一類的信念。生物體便根據他獲得的型態而被稱為處於某一特定的信念。」同樣地，「一個融會於超然知識和控制他感官的忠心人，很快便會得到至高的靈性平靜。但是愚昧和沒有信心及懷疑訓示經典的人，並不會得到對神的知覺。對於懷疑的人來說，在這一個世界中或在下一個中，都不會有快樂。」

印度聖雄甘地[9]也展現出「信念」的力量，他叮囑追隨者要「成為你在世上想看見的那個改變。」在全世界的文明中，我們在甘地身上看到：「信念」帶來的驚人可能性。甘地比其同時代的任何人都還具有影響力，但他有的不是那些傳統的權力，像是金錢、戰艦、士兵和戰爭武器。甘地沒有錢、沒有家、沒有一套衣服，卻擁有力量。他是如何獲得這個力量？

9　甘地生於一八六九年，一九四八年遭到一位印度極端份子刺殺身亡。他被視為是印度「國父」，率領印度民族主義運動，脫離英國統治獲得獨立。他的非暴力公民不服從概念影響深遠，尤其是對美國的公民權利運動有很大的影響。愛因斯坦（Albert Einstein）曾這樣讚道：「甘地對人類造成的道德影響，可能比我們現在看到那些過度使用粗暴力量的還要持久深遠。我們有幸且感激命運讓我們得以在當代見證如此閃閃發光的人物，在未來幾個世代都將是我們的明燈。」

他透過對信仰原則的了解，創造出這股力量，並灌輸到兩億人的腦海中。甘地透過信念的影響力所達到的成果，是當時世界上最強大的軍事力量也無法達成的，就算在未來也一樣。他完成了了不起的壯舉，成功影響兩億人團結一心，一起行動。

這世上除了信念，還有什麼力量可以做到這樣？

總有一天，員工和雇主都會發現信念的潛力。這一天即將到來。近期全球經濟不景氣，全世界都有機會看到缺乏信念會對商業造成的影響。

當然，許多聰明人藉機好好利用了這場危機所教導世界的這一課。在這個艱困的時期，全世界都可以清楚看到恐懼如何癱瘓各行各業的轉動。從這個經驗中，各行各業的一些領袖將能從甘地的例子中獲益，就像甘地建立史上最強大的追隨者群體一樣，這些領袖也會將同樣的策略運用在自己的企業中。這些領袖可能來自現在還在煉鋼廠、煤礦坑、工廠、美國小鎮和小城市等「不為人知」的基層人員。

確實，企業即將出現變革！過去基於經濟情況而結合的力量與恐懼方法，如今將被信念與合作這個更好的原則所取代。勞工將會獲得更高的工資，企業將會分給他們更多利潤，同樣也會分給那些投資者更多利潤。

最重要的是，他們會被那些了解並能採用甘地原則的領袖所領導。唯有如此，領導者才能從追隨者得到全力配合的精神，這也是力量最好且最持久的形式。

我們正處於準備起飛的驚人時代，人們的靈魂都被榨乾了。領導者把員工當成冰冷機械的一部分；他們因為員工不顧一切討價還價，只想得到而不願付出，最後只能把員工當成零件。

未來的口號將是快樂和滿足，過去員工無法將信念與對工作的興趣結合，但當人們達到「快樂和滿足」的心理狀態時，生產自然更有效率。

轉念將可化為財富

工商業的運作需要信念與合作，因此，分析一個能幫助我們了解工商業領袖累積鉅富的案例，會很有趣也很有幫助。他們累積財富的方法就是：在試圖得到之前先「付出」。這個案例發生在一九〇〇年，美國鋼鐵公司剛成立之際。讀這個案例請記得以下幾個重點，你會了解想法如何轉化為巨大的財富。

首先，美國鋼鐵公司最初源於查爾斯・施瓦布透過想像力發展出來的一個想法！

第二，他把信念和想法結合。

第三，他想出了一個計畫，把想法轉化為現實。

第四，他利用自己在大學俱樂部著名的演講，將計畫付諸實踐。

第五，他堅持不懈地徹底執行這個計畫，輔以堅定的決定，直到計畫被完全實現。

第六，他透過對追求成功的強烈渴望，打造了通往成功的道路。

如果你也常常思考那些鉅富是如何累積而成的，美國鋼鐵公司成立的故事將能給你許多啟發。如果你對「思考致富」存疑，這個故事會讓你拋開那些疑慮，因為從美國鋼鐵公司的故事中，可以清楚看到故事主人翁是如何執行本書提到的致富的十三個法則中的許多原則。

這個關於想法力量的驚人故事，是由《紐約世界電訊報》（*New York World-Telegram*）的約翰・羅威爾（John Lowell）所寫，極具戲劇性，經報刊同意後刊登於此。

價值連城的晚宴演講

一九〇〇年十二月十二日的晚上，約八十名來自全美各地的金融精英聚集在第五大道的大學俱樂部宴會廳，向一位來自西部的年輕人致敬。絕大多數的賓客大概都沒想到，他們即將見證美國商業歷史中最重要的一刻。

J・西門斯（J. Edward Simmons）和查爾斯・史都華・史密斯（Charles Stewart Smith）抱著為感謝查爾斯・施瓦布近期在匹茲堡時的盛情款待，決定安排這場晚宴，將三十八歲、正從事煉鋼產業的施瓦布介紹給東岸的銀行圈。他們沒有想到施瓦布將輾壓全場。他們其實還先提醒過他，紐約那個自視甚高的圈子裡的核心人物們都不喜歡聽演講，如果不想要讓史蒂爾曼家族、哈里曼家族、范德比爾覺得很無聊的話，最好把致詞限制在十五或二十分鐘內，講些空洞但有禮貌的內容就好。

就連坐在施瓦布右手邊尊貴的J・P・摩根（John Pierpont Morgan）也只是來露個臉。對媒體和一般大眾來說，整場宴會很短，第二天完全沒有被報導。

所以兩位主人和貴賓們一如往常吃完七道或八道菜，席間沒什麼交談，就算有也非常簡短。少有銀行家和股票經紀人見過施瓦布，他的事業主要在莫農加希拉一帶發展，大家都對他不熟。但當晚活動結束前，全場人（包括商業鉅子摩根）被施瓦布的魅力征服，而美國鋼鐵公司這個金雞母就此誕生。

從見證歷史的角度來看，很可惜，查爾斯・施瓦布在當天晚宴的演講沒有留下任何紀錄。後來，他在芝加哥與當地銀行家的聚會中，重複提到了部分內容。再後來，當政府提起訴訟要解散鋼鐵信託（Steel Trust）時，他作為證人重述了當時的談話，正是那一席話促使摩根積極投入金融活動。

那或許是一場「簡單不花俏」的致詞，文法有點不正確（施瓦布從來就不是很講究詞藻），但充滿金句和機智。儘管如此，他的演講卻對在場加起來身價達五十億美元的賓客造成了巨大影響。

儘管致詞長達九十分鐘，但他說完後，在座人士卻久久未能回神，摩根領著講者到一個窗臺邊，他們雙腳懸空坐在又高又不舒服的窗臺上，整整聊了一個多小時。

施瓦布性格的魅力在此充分發揮，但更重要且影響久遠的，是他為擴張鋼鐵業擬定了清楚且成熟的計畫。在餅乾、纜繩、糖、橡膠、威士忌、油、口香糖等許多產業都相繼成立信託的同時，許多人都試著說服摩根組建鋼鐵信託。賭徒約翰・蓋茲（John W. Gates）曾力勸摩根，但未能得到信任。芝加哥的股票經紀人兄弟比爾・摩爾和吉米・摩爾曾經成功促成火柴信託和餅乾信託成立，他們也曾試圖說服摩根，最後沒有成功。偽善的鄉鎮律師阿爾伯特・蓋瑞[10]也想參一腳，但他的影響力還不足以讓摩根感到驚豔。直到施瓦布的那場口若懸河的演講，摩根才終於可以想像這個前所未見、野心勃勃的金融事業所能帶來的驚人收益，在此之前，這個計畫一直被視為是妄想賺快錢的空談。

十幾二十年前，一場金融行動開始吸引數以千計小型及效率不彰的公司，集結成一個強大、極具競爭力的集團，在樂觀的企業海盜約翰・蓋茲的撮合下，終於在鋼鐵業界實際運作。基於某些考量，蓋茲早已成立了美國鋼鐵纜繩公司（American Steel and Wire Company），後來又和摩根一起創立了聯邦鋼鐵公司（Federal Steel Company）。國家管道公司和美國橋梁公司則是摩根另外兩個擔憂的考量，摩爾兄弟後來離開了火柴和餅乾公司，另外創立「美國集團」（包含馬口鐵、鋼圈和鋼板）以及國家鋼鐵公司。

但與安德魯・卡內基那個由五十三個商業夥伴所擁有和運作的龐大信託相比，其他的信託都顯得微不足道。他們自行成立信託當然沒有問題，但摩根清楚，這些信託都無法與卡內基的信託抗衡。

那古怪的蘇格蘭老頭卡內基當然也知道。他從斯基博城堡[11]的高處俯視，看著摩根的一間間小公司試圖也想來分一杯羹，起初覺得有趣，後來逐漸感到憤怒。當對方陣營的行徑越來越大膽，卡內基的憤怒也轉為報復。他決定對手開什麼工廠，他就開一間。在此之前，他對纜繩、鋼管、鋼圈或鋼板都沒有興趣，只想把鋼材賣給這些公司，讓這

---

10 美國著名的律師、商人和工業家。與J・P・摩根共同創辦了美國鋼鐵公司。

11 斯基博是卡內基為家人在蘇格蘭的多諾赫灣所蓋的一座城堡。

些公司加工成想要的形狀。現在，在左右手施瓦布的布局下，他決定要將敵營逼入絕境。在查爾斯．施瓦布的演講中，摩根找到解決成立集團時遇到挑戰的方法。卡內基是業界巨頭，沒有他的參與，根本就不能算是信託，有個作家寫道，只能算是一個沒有葡萄乾的葡萄乾布丁蛋糕。

施瓦布在一九〇〇年十二月十二日晚上的演講雖然沒有給出任何承諾，但顯然讓現場賓客知道，卡內基龐大的事業有可能被納入摩根集團旗下。他講到了煉鋼業的未來、為提高效率需要的重整工作、專業化、淘汰績效不佳的工廠、專注於有發展潛力的事業、礦石運輸經濟、經常性支出與行政管理、拓展國外市場等。

此外，他還指出現場那些海盜們常犯的錯誤。他指出他們的目的是要創造壟斷、抬高價格，從特權中獲得巨額分紅。施瓦布強烈譴責這種做法。他告訴聽眾，這個政策限縮了市場，非常短視，而當時正是急需擴張的時代。他主張降低鋼材成本，以創造一個不斷擴張的市場，發展出更多使用鋼材的機會，並把握龐大的世界貿易機會。雖然施瓦布不自知，但他其實就是支持現代大量生產的使徒。

大學俱樂部的晚宴進入尾聲。摩根回家後，思考著施瓦布預測的美好未來。施瓦布回到匹茲堡繼續幫卡內基經營煉鋼事業，蓋瑞和其他人回到股票市場瞎忙，等著下一步的行動。

摩根只用一週就消化了施瓦布提出的想法。確定不會造成財務問題後，他決定找施瓦布來談談，卻發現這位年輕人有點含糊其詞。施瓦布表示，卡內基先生可能不會喜歡他信任的公司總裁與華爾街之王有所來往，卡內基之前就決定不踏進華爾街。於是，中間人約翰・蓋茲提議，如果施瓦布「剛好」出現在費城的貝勒維飯店，J・P・摩根可能也會「剛好」出現在那裡。然而當施瓦布到飯店時，摩根卻因身體不適待在紐約的家中，於是在老大哥的盛情邀約下，施瓦布前往紐約，到了摩根家的圖書館門前。

有部分經濟歷史學家認為，這整件事從頭到尾，從施瓦布受邀的晚宴、那場著名演講、施瓦布與摩根在週日晚上的會面，都是狡詐的安德魯・卡內基的布局，但真相卻恰恰相反。施瓦布被找去完成這項交易時，他甚至不確定「小老闆」安德魯會不會願意聽聽這項售出資產的提議，尤其是安德魯本來就覺得這些交易的對象不太正直。不過，施瓦布去見摩根的時候，帶了六張親自繪製的圖表，圖中展示他認為每間鋼鐵公司實際價值和潛在營收能力，而這些公司都是未來金屬業不可或缺的新星。

四位男士看著這些圖表，思索了一整晚。首要人物當然是摩根，他堅信金錢的神聖權利。陪同的是他的貴族友人羅伯特・貝肯（Robert Bacon），一位學者和紳士。第三位是約翰・蓋茲，摩根對他有些輕蔑，覺得對方只是個好賭之徒，純粹把他當工具使用。第四位是施瓦布，他比當時任何一群人加起來都更了解製造及銷售鋼材的流程。在會談過程中，沒有人質疑過施瓦布的圖表。如果他認為一間公司值多少錢，那麼這間公司就值這個價錢，他也堅持只能邀請他同意的公司進入集團。在他規劃的這間企業中，沒有重複的業務，也不會讓那些貪婪的朋友入場，只因為他們想把自己的公司脫手賣給摩根。因此，他刻意排除了一些規模較大的公司，儘管那些都是華爾街巨頭所覬覦的對象。

到了早晨，摩根起身並挺直腰桿。此時只剩下一個問題。

「你能說服安德魯・卡內基賣公司嗎？」他問道。

「我可以試試看，」施瓦布回答道。

「如果你可以說服他賣，我就來處理這件事，」摩根說道。

至此一切看來都不錯。但卡內基會願意賣嗎？他會要求多少錢？（施瓦布認為要三億兩千萬美元）。他會要求如何付款？普通股或特別股？債券？現金？沒有人能拿出三億多美元的現金。

一月，在西徹斯特郡霜寒刺骨的聖安德魯林克斯有場高爾夫球賽，安德魯在冷天中全身裹得緊緊的，查爾斯像往常一樣不斷鼓舞他的士氣。起初完全沒有提到那筆交易，直到兩人到了附近的卡內基小屋，在溫暖的室內坐下。此時施瓦布再次展現他在大學俱樂部成功說服八十位富豪的口才，滔滔不絕地畫著舒適退休、享受數不盡財富的大餅，好滿足這位老頭反覆無常的念頭。卡內基最後臣服，在紙條上寫了一個數字，交給施瓦布後說：「好吧，我們就賣這個價錢。」

這個數字大約是四億美元[12]，是從施瓦布提出的三億兩千萬基礎上再加上八千萬，

12 這個數字以經濟影響力來看，一九〇一年，四億美元約占美國GDP的二%，而二〇二四年美國GDP約為二十七萬億美元，二%約為五千四百億美元。但以卡內基鋼鐵公司在當時的地位來看，不僅是世界上最大、最有影響力的鋼鐵公司，更囊括了美國大部分的鋼鐵產能，在今日約與蘋果、微軟或特斯拉等大型公司並肩。二〇二四年，蘋果市值約二點八萬億，微軟約二點七萬億，特斯拉則為七千五百億美元。

代表過去兩年來的增長資本價值。後來，在某艘橫跨大西洋的郵輪甲板上，卡內基遺憾地告訴摩根：「我希望我那時要價能再多加一億就好了。」

「如果你那時要這個價，我就會給你，」摩根高興地回答。

當時自然引起了一陣轟動。一位英國特派員在跨海發電報時表示，國外的鋼鐵業都對這個龐大的合併案感到「震驚」。耶魯大學校長海德利宣稱，除非政府管制托拉斯（商業信託），否則「在未來二十五年間，華盛頓將可能出現一位皇帝」。但厲害的股市操盤手基恩不斷把新股票賣給大眾，力道之猛，估計將近六億美元的新股一下子就被投資人瓜分走了。所以卡內基拿到了巨額財富，摩根的集團在「忙」了一陣後得到了六千兩百萬美金，從約翰．蓋茲到蓋瑞等人也賺得鉅富。

當時三十八歲的施瓦布也得到了獎賞。他成了新集團的總裁，一直掌權到一九三〇年。

你剛讀完的這個戲劇化的「大生意」被節錄於此，是因為這個故事充分說明了渴望能被轉換為等值的實體存在！

我能想像有些讀者會質疑，單憑一個無形的「渴望」，真的能轉換為其等值的實體存在嗎？一定有人會說：「你不能憑空創造！」而答案就在美國鋼鐵公司的故事裡。

這個龐大的組織最初誕生於一人的想像。而藉由組織許多煉鋼廠來取得財務穩定的計畫，也出自同一人的想法。他的信念、渴望、想像、堅持不懈，都是造就美國鋼鐵公司的真材實料。

公司依法成立後，所收購的煉鋼廠和機械設備都是附帶發生，但仔細分析後會發現，僅僅因為這次合併，那些收購資產的估價就增加了「六億美元[13]」。

也就是說，查爾斯．施瓦布的想法，加上他灌輸給摩根等人的信念，創造了大約六億美元的價值。對一個想法來說，這個金額還真不小！

這場交易中某些人分得利潤後的遭遇，在此不多談。重點是，這個驚人成果就是本書提到哲學的最佳例證——這個哲學就是整樁交易的根本。此外，美國鋼鐵公司蓬勃發展，成為美國最有價值也最強大的企業，僱用了數以千計的員工，開發了鋼材的新用途，打開了新的市場，在在都顯示了這個哲學的實用性，也證實了施瓦布的想法所帶來的六億美元收益確實物有所值。

財富始於想法！

只有將腦袋中想法付諸實踐的人，才能決定財富的金額。信念能打破限制！請記得，當你準備好向「生活」討價還價時，不管你想要的是什麼，你所要求的金額就是這樣來的。

也別忘記，美國鋼鐵公司的創辦人在當時只是個無名小卒。在他想出這個舉世聞名的點子前，不過是安德魯．卡內基的助手。後來他很快就獲得權力、名望和財富。

就像其他取得偉大成就的人一樣，他之所以成功，是靠著信念，而信念可以透過自我暗示這個強大的力量來培養。

13 金額計算方式請參考上一則註釋。

第3章

自我暗示

影響潛意識的媒介

致富法則3

自我暗示一詞適用於所有透過五感傳遞到大腦的暗示和自我創造的刺激。它是給予自我的心理暗示，能促進意識層與負責行動的潛意識之間的溝通。

我們允許存留在意識層的主導想法（無論是負面或正面想法），都會透過自我暗示法則傳達並影響潛意識。

除了突如其來的洞見或靈感外，所有想法都必須透過自我暗示原則才能進入潛意識。換句話說，所有透過五感接收的印象，經由意識層處理後，要不傳到潛意識，要不被排除。因此，意識層就像是進入潛意識前的守門人。

大自然的「設計」使人類能完全控制進入潛意識的素材，但這不代表人類永遠都會運用這種控制的能力。大多數情況下，人們不會運用這種能力，這也解釋了為何許多人終生貧困。

記住，潛意識就像一片肥沃的花園，如果不種下想要的作物，雜草就會蔓生。藉由自我暗示的控制，一個人可以刻意向潛意識灌輸創意想法，但如果不注意，破壞性的念頭也可能在這個想法的花園中滋長。

想像自己擁有財富

第一章提到的六個行動步驟中，最後一步要求你每天兩次大聲朗讀你對財富的渴望，並想像自己已經擁有這筆財富！遵循這些步驟，你就是在透過明確的信念，將你的渴望直接傳達到潛意識。重複這個過程，刻意培養這種思考習慣，有助於渴望轉化為等值的財富。（這個過程不限於金錢的財富，只要不違反道德和他人權利，它可以用於實現任何你強烈渴望的目標。）

再次回顧第一章的六個行動步驟，仔細重讀它們。然後跳到第六章「組織規劃」，仔細閱讀組成智囊團的四個指示。比較這兩組指示和本章關於自我暗示的說明，你會發現所有步驟都運用了自我暗示的法則。

記住，當你大聲讀出你的渴望（藉此培養「金錢意識」或其他「成功意識」），單純朗讀這些字句是沒有用的——除非你將那些字句結合情緒或感覺。即使你重複一百萬次埃彌爾・庫埃[14]著名的公式：「每天，我在每個方面都會變得更好」，卻沒有結合情緒與信念，也不會得到想要的結果。你的潛意識只會察覺並執行那些與情緒或感覺結合的想法。

這一點非常重要，值得在本書中每一章重複強調。大多數人採用自我暗示法則卻得不到想要的結果，就是因為他們不了解這一點的重要性。

沒有情緒的字句無法影響潛意識，除非你學會將情緒與信念、想法結合，並傳遞給潛意識，否則你不會達到想要的結果。

如果你第一次嘗試時無法控制或指揮你的情緒，不要氣餒。記住，「天下沒有白吃的午餐」。獲得控制或影響潛意識的能力是有代價的，而你「必須付出代價」，沒有捷徑可走。要獲得影

14 Émile Coué，法國藥劑師與心理學家。他發明了一種心理治療法「庫埃主義」，強調使用自我暗示，幫助治療對象的健康和福祉都能有正向的改變。這個系統會反覆使用庫埃公式，另一個常見的版本是：「每一天，我在每一個方面都會變得更好。」自我暗示的力量，加上強烈渴望與信念的支持，對於人類的身心健康都有強大的影響。

響潛意識的能力，代價就是堅持不懈地運用上述原則。你不能只付出一點就想得到渴望擁有的能力。你必須自己決定，你努力追求的目標（金錢意識）是否值得付出那麼多的代價。

光是有智慧和聰明並不足以吸引和留住財富，只有在極少數的情況中，平均法則能讓你透過這樣的方式獲得財富。然而，此處提到的致富之道靠的並不是平均法則，也不會偏好特定個人，所有人都適用。如果失敗了，那就是這個人而非方法本身失敗了。如果你試了之後失敗，再試一次，一直試到成功。

你運用自我暗示法則的能力，很大程度上取決於你是否能專注在一個特定的渴望上，直到那個渴望變得強烈。

當你開始採用第一章提到的六個步驟，你也必須使用專注的原則。

以下是如何有效運用專注力的建議。當你開始執行六個行動步驟中的第一步（「想著一個確切渴望的金額」），**專心想像那個金額，閉上眼睛，直到能在腦海看到錢的樣子**。每天至少做一次這樣的練習。完成這些練習後，按照第二章關於信念的指示，想像自己已經擁有了這筆財富！

最重要的是：**潛意識會接受任何帶著完全信念的指令，並執行這些指令，儘管這些指令需要一再重複才能被潛意識接收和詮釋**。想想你是否能善意地騙過潛意識，因為你相信，才能讓它相信你必須獲得想像中的那筆財富，而這筆財富已經在等著你，潛意識必須提供可行的計畫來幫助你獲得屬於你的財富。

將這個想法傳遞給你的「想像力」，看看想像力如何透過轉化渴望來創造出累積財富的實際計畫。

不要等到有一個可以透過販售服務或商品獲得財富的明確計畫再說，現在就立刻開始想像你已經擁有這筆財富，同時要求並期待潛意識提供你所需的計畫。隨時注意這些計畫，當計畫出現，立刻付諸實踐。這些計畫可能會透過第六感，也就是靈感的形式，閃現在你的腦海裡，可以視為無限智慧直接傳送給你的「電報」或「訊息」。認真對待這些靈感，盡快實踐。如果你不這樣做，會對你的成功造成致命打擊。

六個行動步驟中的第四點是「擬定一個執行渴望的明確計畫，立刻採取行動付諸實踐。」請照著前面所述的方式去執行。當你透過轉化渴望來制定累積財富的計畫時，不要完全依賴你的理性判斷，你的判斷可能有漏洞。除此之外，你的判斷力可能很懶惰，如果你完全依賴理智判斷，可能會大失所望。

在你閉上眼想像累積的財富時，同時想像自己正在提供為了獲得這筆財富的服務或商品。這點非常重要！

把致富行動種在腦中

你現在正在讀這本書，代表你熱切尋求知識，也代表你是正在學習這個主題的學生。作為學生，你有可能學到許多之前不知道的東西，但唯有保持謙遜的態度才能真正學到。如果你選擇只遵循部分指示，忽略或拒絕其他步驟——你將會失敗！要得到滿意的結果，一定要秉持信念執行所有步驟。

結合第一章的六個行動步驟和本章提到的原則，如果你的明確主要目標是關於金錢和獲得財富，以下是概要總結：

❶ 找一個安靜不會被打擾或打斷的角落（最好是晚上在床上），閉上眼睛，大聲唸出（要能聽見自己的聲音）你寫下的內容，包括你想要累積的財富金額、花多長時間、為了獲得這筆財富要提供的服務或商品的描述。在執行過程中，想像你已經獲得這筆財富。

例如：假設你從現在算起五年後的一月一日想要累積五十萬美元，你打算透過做業務員來獲得這筆財富。你的目標類似以下：

「到了○○○○年一月一日，我將擁有五十萬美元，這筆錢會在這段期間逐步累積。

為了換取這筆財富，我會以最有效的方式，盡我所能提供最多且最優質的＿＿＿＿（描述你的服務或商品）。

我堅信我將能獲得這筆財富。我的信念如此強烈，我現在就能看到這筆財富在眼前，可以用雙手觸摸到。這筆錢正等著我，我預計透過提供特定服務來獲得，並得到相應的報酬。我正在等待一個能累積到這筆金額的計畫，一旦出現就立刻付諸實踐。」

❷每天早晚都重複這個步驟，直到你可以在想像中清楚看到這筆財富。

❸將這段話放在早晚都能看到的地方，睡前及剛起床都讀一遍，直到在心中牢牢記住。

記住，執行這些步驟時，你是在運用自我暗示的法則，向潛意識下指令。這些步驟主要運用在對金錢的渴望，但也適用於其他你渴望的東西或目標。請記得，你的潛意識只會執行結合情緒的指令，信念是所有情緒中最強烈也最有效的。照著第二章的指示去做。

這些指令乍看可能很抽象，不要因此而困擾。照著指示做，不管一開始看起來有多抽象或不切實際。如果你照著做，秉持其精神並採取實際行動，你很快就會發現一個全新、充滿力量的宇宙。

對於所有新想法抱持懷疑是人之常情。但如果你照著指示做，很快地你就會從懷疑轉為相信，最後產生絕對的信念。到那時，你就能說：「我是自己命運的主宰，自己靈魂的統帥！」

許多哲學家都說過，每個人都是自己命運的主宰，但大多數並未解釋其中原因。本章清楚說明了我們為何能成為自己命運的主宰，尤其是在個人財務方面。我們之所以能掌控自己和環境，是因為我們擁有影響自己潛意識的能力，透過這個能力可以獲得無限智慧的協助。

這一章是思考致富之道的基石。如果你想要成功將渴望轉化為金錢或其他追求的目標，你一定要理解並持續不懈地執行本章提到的指示。

將渴望實際轉化為金錢的過程涉及自我暗示，透過自我暗示，你能觸及並影響潛意識，其

他原則只是用來執行自我暗示。好好記得這段話，自我暗示法則的核心就是透過本書提到的方法，在你的努力下協助你累積財富。

像孩子一樣遵循這些指示。在你的努力過程中，投注孩童般的信念。我已經非常仔細確認過書中沒有不切實際的指令，因為我真心希望能夠幫助你。

你讀完整本書後，再回到這一章，秉持其精神並實際遵循以下指示：

每天晚上大聲朗讀這一章，直到你完全相信自我暗示的原則是對的，能幫助你達成所有想實現的事。在讀的過程中，把任何有幫助的句子都畫線標出來。

字字句句都遵循以上指示去做，會幫助你徹底理解並掌握所有成功原則，包括我們接下來要談到的——「致富法則4：專業知識」。

第4章

專業知識

個人經驗或觀察

致富法則4

知識有兩種：一般性知識和專門領域知識。單純擁有一般性知識對於累積財富的幫助不大。大學裡的各個系所擁有並聚集了人類文明中各種類型的一般性知識，但大部分的教授都沒有累積驚人的財富！他們的專業在教授知識，但沒有組織和使用知識來累積財富的專業。

知識本身無法吸引財富或其他成功，除非透過實際的行動計畫組織安排、聰明引導，朝著累積財富的明確目標執行。數以百萬計的人誤以為「知識就是力量」，並沒有這回事！知識只是有潛力成為力量。只有當知識被組織成明確的行動計畫，並指向明確目標時，知識才會變成力量。

現今教育體系的一個主要缺陷是，沒有教導學生如何組織和使用所獲得的知識。

許多人誤以為亨利．福特的學歷不高，就代表沒受過多少教育。這些誤解的人不了解亨利．福特，也忽視了「教育」一詞真正含義，教育的英文「educate」源自於拉丁文的「educo」，意思是引出、導出、從內在開始培養。

一個真正受過教育的人，不一定要有豐富的一般性或專門知識，而是意味著一個人的心智受到培養，能在不侵害他人權利的前提下，獲得任何想要的東西或等同事物，亨利．福特就是最好的例子。

專業知識很重要，但你不用什麼都會

第一次世界大戰期間，一間芝加哥的報社發表了一些社論，把亨利．福特比做「無知的和平主義者」。福特反對這樣的評論，並對報社提起毀謗訴訟。在法庭審理案件期間，報社僱用的律師為了辯護，傳喚福特先生上證人席，想要向陪審團證明他很無知。律師問了福特先生許多問題，這些問題的目的都是要讓福特自己證明，他或許知道很多關於汽車製造業的知識，但基本上其實是一個無知的人。

福特先生被問的諸多問題如下：「誰是班奈狄克．阿諾德（Benedict Arnold）？」還有「英國當時派了多少士兵到美國，平定一七七六年的叛亂？」在回答最後一個問題時，福特先生回答：「我不知道英國派遣士兵的確切數量，但我知道派出去的人數比最後回來的人數多很多。」

最後，福特厭倦了這一連串的問題，在回答其中一個特別無禮的問題時，他傾身向前，指著問問題的律師說：「如果真要回答你剛才問的蠢問題，或任何問過的問題，我可以告訴你，我桌上有一排電子按鈕，只要按按鈕就能叫我的助理進來，他們可以回答任何關於這份我傾注畢生之力的事業的問題。你現在可以告訴我，為什麼我要在腦子裡塞滿一般性知識，不過是為了回答這些問題，而我身旁已經充滿能提供我任何所需知識的人？」

這個回答的確有其邏輯，也給了律師重重一擊。法庭上的所有人都意識到，給出這個答案的人並非無知，而是一個受過教育的人。任何受過教育的人都知道需要時該去哪裡取得知識，以及如何將知識組織成明確的行動計畫。透過他的智囊團，亨利．福特擁有了所有他需要的專業知識，讓他晉身全美最富裕階級。他腦中是否有這些知識並不重要。

在你確定能將渴望轉化為等值金錢之前，你需要在你提供的服務、商品或職業方面具備專業知識。如果所需的專業知識超出你的能力範圍，你可以透過智囊團來彌補這部分的不足。安德魯・卡內基說過，他個人並不了解鋼鐵產業的技術層面，也不太在意。他透過智囊團獲得製造和銷售鋼鐵的專業知識。

累積巨大財富需要力量，這種力量來自於高度組織專業知識並聰明運用，但累積財富的人並不一定需要親自擁有所有相關知識。

上述段落應該能鼓舞那些想要累積財富，但沒有接受過相關專業知識教育的人。有些人一輩子都因「教育程度不高」而感到自卑。然而，有些人能組織並引導擁有累積財富知識的智囊團，這些人的教育程度就和智囊團裡的任何成員一樣高。如果你因為學歷不高而感到自卑，請記住這一點。

湯瑪斯・愛迪生一生只受過三個月的正式教育，但他的教育程度不差，也沒有窮困終老。

亨利・福特的學歷不到六年級，但他在財務上取得非常不錯的成就。

專業知識是所有服務中，最豐富也最便宜的服務之一。如果你不相信，可以查查看任何大學的薪資行情。

知識也要持續買進

首先，確定你需要的專業知識以及需要這個知識的目的。在很大程度上，你人生中的主要目的和努力的目標能幫助你決定你所需的知識。確定這個問題後，下一步是找到可靠的知識來源提供正確的資訊。較重要的來源如下：

❶ 個人經驗與教育。

❷ 透過與其他人合作獲得的經驗與教育（智囊團）。

❸ 專科學校與大學。

❹ 公立圖書館（透過書籍、期刊可以找到人類文明積累的大部分知識）。

❺ 特別的培訓課程（透過夜校或自學特定素材）。

取得知識後，一定要組織整理並加以運用，針對明確目標，透過實際計畫執行。只有在基於某個值得追求的目標進行運用時，知識才有價值。這就是為什麼單純的大學學歷價值有限，大學學歷通常只代表各式各樣的知識積累。

如果你在考慮是否要進修額外的正式教育，首先要明確獲得這個知識的目的，然後了解可以從哪些可靠的來源獲得這些特定知識。

各行各業的成功人士總是不斷學習和其主要目標、事業、職業有關的專業知識。不成功的人往往誤以為離開學校後，「學習知識」的階段就結束了。事實上，正式教育其實只是幫助我們學習如何取得實用知識。

我們現正處於一個不斷變化的世界，教育的必要條件也在發生驚人的改變。現今的王道是專業化。羅伯特・摩爾（Robert P. Moore）在哥倫比亞大學擔任管理工作時，曾寫下一段話，強調了這一點：

最夯的專業人才

企業會特別尋找在特定領域專精的求職者——主修會計、統計的商學院畢業生、各種領域的工程師、記者、建築師、化學家、優秀的領導者等應屆畢業生。

那些在校園表現活躍，能與各式各樣的人相處融洽，並且學習成績也不錯的大學畢業生，相較於只專注學業表現的同儕，明顯更有競爭力。其中有些人因為全面的優秀表現而得到多個工作機會，某些甚至得到六個職位邀請。

摩爾不贊同傳統觀念認為學術表現名列前茅的學生一定會得到最好的工作，他指出，大多數的公司不僅看重學術表現，還會考慮學生的活動參與紀錄和個性。

一家產業龍頭企業曾經寫信給摩爾，提到他們心目中理想的應屆畢業生：

「我們主要想找能在管理工作上表現卓越的人才。因此，相較於特定教育背景，我們更看重品格、智力與個性。」

建議採行實習制度

摩爾提出「實習生」的制度，暑假期間讓學生在辦公室、商店、製造業等相關工作環境實習，他認為經過大二、大三之後，每個學生應該被要求「選擇一個明確的未來道路，如果學生只是毫無目標地開心閒散度日，課表上都是非專業課程，那應該喊停。」

「大學必須面對一個現實問題，那就是現在所有職業工作都要求專業人才。」他強調，並督促教育機構承擔更直接的職涯引導責任。

對於需要專業訓練的人來說，一個可靠又實際的知識來源就是多數大都市都有的夜校。在美國，只要收郵件的地方就能參加函授學校的專業訓練，涵蓋所有可透過遠程教育方式教授的科目。在美國，我們也很幸運有豐富的自學書籍、課程和其他資料，讓我們能獲得專業訓練和知識。自學的其中一個優勢就是課程的彈性，讓人可以在閒暇時間、工作空檔或旅行時進修。

通常，不費力氣或不花錢獲得的東西不會被珍惜，反而常常被質疑。這或許解釋了為什麼公立學校提供許多很棒的機會，我們獲得的卻這麼少。從明確的專業課程中獲得的自律，在某種程度上彌補了那些免費但被浪費的知識機會。

我從職涯早期的經歷中學到這點。我報名了一個廣告的自學課程，上完八堂還是十堂課之後，就沒有再繼續，但學校還是繼續寄帳單給我。不管我有沒有繼續上，學校還是要我繳費。我決定如果要付錢（我也有法定履行的義務），我就要完成課程，讓這些錢花得值得。當時我覺得學校的付費系統運作得太好了，後來我才了解，這也是訓練過程中很寶貴的一部分，而且是免費的。我後來發現，學校極具效率的付費系統也非常值錢，我後來因為這些心不甘情不願上的廣告課程而賺到了錢。

知識是划算的投資

美國擁有世界上最好的公立學校系統，我們投資建造了許多優美的建築，為偏遠和其他地區的兒童提供了交通系統。但是這個出色的系統卻有一個重大缺陷——是免費的！人類有一點很奇怪，就是只珍惜要付錢才能得到的東西。在美國，人們不在乎免費的學校和公立圖書館，就因為是免費的（或至少看起來如此）。

這就是為什麼許多人輟學工作後還要接受額外培訓的原因，這也是為什麼雇主特別重視經常參與自學課程和其他專業發展訓練的員工。他們從經驗中發現，那些有足夠企圖心願意犧牲部分閒暇時間以追求專業發展的人，往往具備領導才能。這樣的認識並非出於慷慨，而是雇主明智的商業判斷。

人類有一個無法彌補的弱點，那就是缺少進取心！尤其是那些領薪水的人，能安排空閒時間進修的人，往往不會在基層做太久。他們的行動開啟了向上流動的大門，消除了許多障礙，也會得到有權勢者的青睞，得到更多機會。

進修或「自學」的訓練方式特別適合那些工作後發現需要額外專業知識，但沒有時間重返校園的人。

經濟環境的改變讓許多人意識到需要尋找額外或新的收入來源。對於大多數人來說，唯一的解決方法可能就是獲得專業知識。許多人可能被迫改變職業。商人發現某些商品賣不出去時，通常會換成另一款有銷路的產品。提供個人服務的人，也必須成為高效的商人。如果一個人的職業無法提供足夠的收益，那就必須轉換到能提供更多機會的工作。

史都華・外爾的本業是建築工程師，一直在這個產業工作，直到經濟大蕭條限縮了工作機會，導致他沒有足夠的收入維生。他檢視自己，決定轉換跑道從事法律，他回到學校修讀專業課程，成為公司法律師。儘管大蕭條還沒結束，他已經完成訓練並透過律師考試，很快就在德州的達拉斯開始執業，生意非常好，甚至還需要推掉一些客戶的案子。

為避免有人會說：「我沒辦法去學校，因為我要養家」或者「我太老了」，我要補充說明，外爾先生重返校園時已經年過四十，還結婚了。不僅如此，透過在教授相關課程最好的大學裡，外爾選擇高度專業的課程，並在兩年內完成學業，而大多數法學院學生都需要四年。知道如何購買知識是件值得的事。

那些只是因為離開學校就不再進修的人，無論他們的個人天賦如何，一生都只能平庸度日。成功之道在於持續追求知識。

專業知識加上想像力，輕鬆找到新賽道

現在來看一個特別的案例。

在大蕭條期間，一間雜貨店的業務員發現自己失去立足之地。由於先前有一些記帳的經驗，他去上了會計的特別課程，熟悉了最新的記帳和辦公設備，然後開創新事業。他先從曾經工作

過的雜貨店開始，接著和超過一百家小型企業合作，每個月以極低的收費為他們記帳。他的想法很實際，很快就發現需要一個行動辦公室，於是他用一輛輕便的貨車，裝上現代記帳設備。他後來又打造了一整隊「有輪子的辦公室」，僱用了一大群助理，提供小型企業市場上最優質的會計服務，但收費卻非常低廉。

這個獨特又成功的事業靠的是專業知識加上想像力。在短短的時間內，這個事業的創辦人所需繳納的所得稅已經是他前雇主的十倍之多，原先大蕭條帶來的逆境，最後讓他因禍得福。

而這個企業如此成功，最初始於一個想法！

我一開始有機會提供了這位失業的業務員一個想法，接著又提供他另一個點子，這個點子可能帶來不少收入，也有機會為數以千計的人提供他們急需的服務。

這個想法一開始是這位業務員自己提出的，他放棄銷售工作，投入大規模記帳服務的事業。當這個解決他失業問題的計畫提出時，他立刻大喊：「我喜歡這個想法，但我不知道要怎麼把這個想法變現。」也就是說，他抱怨自己不知道在獲得記帳知識後，該如何銷售這個知識。

由此又出現一個需要解決的問題。此時一位很有創意的年輕打字小姐出現了，她的字寫得很好，又善於整理資訊，在這位打字員的協助下，他準備了一份內容很吸引人的文件，介紹新的記帳系統優點。打字員將文件打好後，貼在一本普通的剪貼簿上，作為「無聲的銷售員」。剪貼簿上關於這項新事業的介紹整理得非常好，很快地，上門的生意多到難以負荷。

現今在全美各地，數以千計的人都需要打字員這類專業商業服務，他能將行銷個人服務的資訊整理成引人入勝的資料。這類服務累積的年度所得，可能很容易就超過一間人力顧問公司的所得，而其服務能為客戶帶來的好處，也遠勝於人力顧問公司。此處提到的點子是為了解決緊急情況的需求而誕生的，但卻能幫助到更多人。想出這個點子的女士非常有想像力，她看到這個點子能成為一種新職業，為許多需要協助行銷個人服務的人提供實際指引。

由於第一份「個人服務行銷計畫」立刻大獲成功，這位充滿活力的女士受到鼓舞，轉而協助她剛從大學畢業的兒子解決一個類似的問題，她兒子一直都無法為自己能提供的服務找到市場。她為兒子想出的計畫，是我見過的最佳個人服務範例。

完成的計畫文件共長達近五十頁，內容製作優美、資訊排版順暢，描述了她的兒子的能力、學經歷及其他不便在此贅述的資訊。文件中也詳述了她的兒子想要獲得的職位，並附上他在上任後會採行的實際計畫。

文件製作耗時數週，在這期間，打字員要她兒子幾乎每天都去公立圖書館蒐集有助於推銷其服務的資訊。她也要兒子去潛在雇主的所有競爭公司，蒐集關於企業的重要資訊，這為他取得工作後將採取的計畫提供了寶貴資訊。計畫完成後，內容包括許多有助於潛在雇主採用的建議。（而公司最後也將這些建議付諸實行。）

固守成規會扼殺企圖心

有人可能會問：「找個工作為什麼要這麼麻煩？」答案很簡單，也很戲劇化，對於數以萬計提供個人服務維生的人，他們的不順遂也跟這個答案有關。

這個答案就是：把事情做好從來就不麻煩！這位女士為兒子準備的計畫，幫他得到了第一個面試申請的工作，公司也給了他所提出的薪資。

另外也很重要的一點，這個工作並不要求這位年輕人從基層做起。他從初階主管做起，領著主管階級的薪水。

這位年輕人為應徵工作準備的簡報讓他少走了十年的路，他本來需要花這麼久的時間從基層做起，才能爬到這個位子。

從基層做起往上爬聽起來沒有什麼問題，但我反對的主要原因是，**有太多從基層做起的人，從來都沒辦法把頭抬得夠高，被機會看見，所以他們一直留在基層**。也請記得，從底層看到的前景並沒有那麼美好，也沒那麼激勵人心，往往會扼殺企圖心。我們稱之為「固守成規」，說的是我們因為養成了日常的習慣而最終便接受了命運，這個習慣變得如此固著，導致我們連試圖改變這個習慣也不想。這也是為什麼從基層再高一、兩階開始做起很值得。這樣一來，我們會養成環顧四周的習慣，會觀察其他人怎麼往前邁進，也會看到機會，毫不猶豫就擁抱機會的到來。

丹．哈爾平（Dan Halpin）就是一個絕佳例子。大學時期，他是大學美式足球全國冠軍聖母大學足球隊的經理，當時球隊的教練是克努特．羅肯（Knute Rockne）。他或許是受到這位偉大的美式足球教練啟發，把目標放得高遠，不會將一次的挫敗視作是失敗，就像偉大的企業領袖安德魯．卡內基啟發了年輕企業家一樣。不管怎樣說，年輕的哈爾平畢業的時機非常不好，當時因為美國經濟大蕭條，工作機會銳減，在嘗試過投資銀行和電影產業後，他把握眼前第一個有發展潛力的機會——以抽佣金的方式賣助聽器。哈爾平知道任何人都可以做這個工作，但這就夠他開啟機會的大門。

將近兩年的時間，他做著自己不喜歡的工作，如果他對於這個不喜歡的工作從來都沒有做點什麼的話，他永遠都無法從中翻身。他先瞄準了公司內部助理業務主任的職位，也得到了這個職缺。他往上爬的這一步，讓他足以高過其他人，看到更棒的機會。同時，這也讓機會能看到他。

他賣助聽器賣得非常好，其任職公司的競爭對手 Dictograph 公司的董事長安德魯斯（A. M. Andrews）想要更了解「丹．哈爾平這個小夥子」，因為哈爾平搶走了這間老字號公司的不少生意。他把哈爾平找來，面談結束後，哈爾平成了 Dictograph 公司 Acousticon 部門的新業務主管。接著為了測試哈爾平的能耐，安德魯斯離開三個月去了佛羅里達州，任由哈爾平在新工作自生自滅。哈爾平最後存活下來！克努特．羅肯秉持的精神是「全世界都愛贏家，沒有人有空理會輸家。」這樣的精神鞭策他全心投入工作中，最後被任命為公司副總及助聽器部門的總經理，大部分主管需要十年忠誠付出才能爬到這個職位，而哈爾平只花六個多月就做到了！

很難說應該要讚揚安德魯斯先生或哈爾平先生，因為兩人都展現了罕見的想像力特質。安德魯斯先生看到了年輕哈爾平積極進取、勇於追求更高階職位的精神，這點值得讚揚。哈爾平則拒絕向生命妥協，不願接受繼續做不想要的工作，這點也值得稱讚。這也是我在這整個成功之道試圖強調的——我們之所以能爬到高位或留在底層，是我們可以控制的，只要我們有控制的渴望。

我也試圖強調另一個重點：**成功和失敗都是習慣的結果！**我完全相信丹．哈爾平之前與美國最偉大的美式足球教練的密切相處，在他心中種下了同樣追求卓越的渴望，這種渴望曾帶領聖母大學足球隊成為世界知名的隊伍。在某種程度上，英雄崇拜會有幫助，前提是你崇拜的是贏家。哈爾平告訴我，羅肯[15]是全世界歷史上最偉大的領導者之一。

我相信不論是失敗或成功，商業關係都是關鍵因素。我的兒子布萊在和丹．哈爾平談工作時就充分展現了這一點。哈爾平先生給了他一個起薪，大概是競爭對手公司所給的一半。我用家長的身分引導他接受哈爾平先生給的工作，因為有機會和一個拒絕向不理想情勢妥協的人工作，是金錢難以衡量的資產。

底層工作對任何人來說都是單調、乏味、無利可圖的，這就是為什麼我花那麼多篇幅討論如何透過良好的規劃，避免一開始就做最低階的工作。這也是為什麼要花這麼多篇幅談論那位開創全新事業的女士，她受到啟發決定好好規劃，幫助自己的兒子得到一個好的工作機會。

或許有些人會發現這裡簡短提到的想法，正好就是他們渴望獲得財富的核心！簡單的想法就像小樹苗，在美國，許多驚人財富都是由此而生。像是伍爾沃斯的「十元商店」想法在當時

15 羅肯是全美數一數二最創新的美式足球教練。一九一八年至一九三一年間，他是聖母大學愛爾蘭戰士美式足球隊的首席教練，在這段期間，聖母大學美式足球隊共拿下一百零五場球賽，贏得六座全球冠軍賽。在十三年裡，他只輸掉過十二場球賽、五個冠軍頭銜。他的 .881 勝率在聖母大學紀錄中，仍然是最佳紀錄，這個數字在大學及職業美式足球賽中都是頂尖的紀錄。一九九九年，ESPN 的「運動世紀」（SportsCentury）節目選出有史以來最偉大的十位運動教練中，他名列第十位。

如此簡單，幾乎不值得一提，卻為創辦人帶來了財富。

好的想法是無價的！

所有想法背後都有專業知識支撐，遺憾的是，對於那些沒能致富的人來說，專業知識比想法更容易獲得和找到。能力就體現在想像力上，我們需要想像力去結合專業知識與想法，做法則是透過將帶來財富的計畫組織好。如果你具備想像力，本章提到的故事可能會激發你想出一個好點子，幫助你開始累積你所渴望的財富。記得，想法最重要。專業知識可以很快獲得，非常快！但想像力則是催化劑，能將好的點子與專業知識結合，並轉化為成功。

第5章

想像力

心智的工作坊

致富法則5

想像力其實就是一個工作坊，人類在此創造出各種計畫。在想像力的協助下，渴望這個衝動意念被賦予形體，並被付諸實踐。

有人說過，只要人類想像得到的東西，都能被創造出來。

在人類文明過程中，我們身處的時代最適合發展想像力，因為這是一個快速變遷的時代，我們周圍充滿了能激發想像力的各種刺激。

借助想像力，我們在過去五十年裡發現並利用的自然力量，遠超過人類歷史上之前所有時期的總和。我們已經征服了空中領域，鳥兒在飛行上已經不是我們的對手。我們掌握了電磁波頻譜，並用這個原理實現了與世界各地的即時通訊。我們能夠在極遠距離分析並估算太陽的質量，在想像力的幫助之下，了解了太陽的元素組成。我們發現人類的大腦同時是「思想振動」的發送及接收站，儘管我們才剛開始了解此一現象，但希望能實際運用。我們加速了交通移動的速度，讓我們可以在紐約吃早餐，在舊金山享用午餐。

在合理的範圍內，唯一限制我們的是，我們發展和使用想像力的方式。在運用「想像力」這方面，我們還沒發展到極致。我們僅僅發現了我們擁有想像力，也才開始以非常基礎的方式運用這個能力。

兩種想像力

想像力有兩種：整合型想像力（Synthetic Imagination）和創造型想像力（Creative Imagination）。

整合型想像力：能將舊有的概念、想法、計畫整理轉化為新的組合。這種想像力不會創造新事物，而是運用經驗、教育、觀察所得的素材。發明家最常使用這種想像力——除了天才以外，天才在無法使用整合型想像力解決問題時，會採用創造型想像力。

創造型想像力：幫助有限的人類思維直接與無限智慧溝通。人們透過這種想像力接收「直覺」和「靈感」，我們透過這種想像力得到所有基本的或新的想法，接收其他人傳遞給我們的「思想振動」和「影響」，人也可能透過這種想像力與他人的潛意識「調頻」或溝通。

創造型想像力只有在意識層以極高的「強度」或「能量」運作時才會啟動，例如：當意識層受到強烈渴望的情緒刺激時。創造型想像力會隨著使用而發展，並因此變得更加靈活，更能被上述來源影響。這一點非常重要！在分享出去之前請好好思考。

在遵循這些原則時，請記得，如何將渴望轉換為金錢的這件事，無法用短短一句話說完。只有當你精通、吸收理解並開始運用本書中說明並整合的所有成功原則後，這個故事才算完整。

工商金融產業的偉大領袖、最了不起的藝術家、音樂家、詩人、作家之所以偉大，是因為他們發展了自己的創造型想像力。

整合型想像力和創造型想像力都會隨著不斷使用而變得更靈活，就如同身體的肌肉、器官會隨著使用運作而發展。

渴望只是個想法，一個衝動的念頭，模糊又稍縱即逝，抽象且沒有價值，直到被轉化為實體。在將渴望轉化為金錢時，最常使用整合型想像力，儘管如此，別忘記有些時候也需要用到創造型想像力。

如果一直沒有使用想像力，可能會變弱。想像力可以透過使用恢復並變得靈敏。這個能力不會丟失，但可能會因為缺乏使用而進入休眠狀態。

暫時先專注發展整合型想像力，因為這是你將渴望轉化為財富的過程中比較常用的能力。

將無形的渴望衝動轉化為有形的金錢，需要有計畫。這些計畫要成形，需要想像力的協助，主要是整合型想像力。

把整本書讀完後再回到這章，然後立刻運用想像力擬定一個或多個計畫，將你的渴望轉化為金錢。幾乎每一章都會提供擬定計畫的詳細指示，根據你的需求執行這些說明指示，如果你還沒有這樣做的話，可以將計畫用精簡的文字寫下來，**完成的當下，你就給了無形渴望一個實際形體**。再讀一次前一句話，慢慢大聲讀出來，讀的過程中，記得你將渴望宣言（還有具體實踐的計畫）濃縮精簡成文字的那一刻，其實就採取了第一個步驟，幫助你將想法變成等同的實體。

渴望就是你的致富能量

你身處的地球、你自己，還有其他物質存在都是演化變遷的結果——微小物質透過這樣的變遷，被整齊有序地組織、安排。

不僅如此（而且以下這點非常重要），地球、你身體中無數的細胞、物質中的每個原子，都是從無形的能量開始。

渴望只是個想法，一個衝動的念頭。衝動念頭是一種能量，當你開始有渴望累積財富或其他目標的衝動念頭，就是在為你的服務進行設計，這和大自然用來創造地球及宇宙中物質的東西是一樣的，包括衝動念頭所在的身體和大腦。

至少目前科學可以證實，宇宙是由兩個元素組成——物質與能量。能量與物質結合後，創造了一切我們知道的事物，從天空最大的星星，到我們自己。

你現在要試著學習大自然的方法。我希望你透過努力將渴望轉化為等同的實體或金錢，你正在調適自己順應大自然的法則。你一定做得到！有人也做到過！

透過這個永恆不變的法則，你可以累積財富，但首先你必須熟悉這些法則並學著使用。透過不斷重複，並用各種想得到的角度去執行這些原則，我希望能帶你一窺致富背後的所有祕密。說起來有點奇怪又矛盾，其實這個祕密並不是祕密。在我們生活的地球、星星、我們看到的行星、四周的元素、每一株草、眼前的所有生命，大自然都將這個祕密蘊藏其中。

在生物學中也揭示了這個祕密，從一個比針尖還細的微小細胞，轉化成正在閱讀這句話的人類。將渴望轉化為等同實體的道理其實也差不多！

如果你沒辦法完全理解上面說的，也不要氣餒。除非你一直都在研讀心智相關的內容，不然應該無法第一次閱讀本章就能理解消化。

但你終會有很大的進展。

接下來的原則會為你打開了解想像力的大門。第一次讀的時候，就你所理解的來進行消化，等你重讀並開始研究時，你會發現有些發生過的事能闡明這個原則，幫助你更理解整體內容。最重要的是，不要停下來也不要猶豫，繼續研究這些原則，直到你把這本書讀過三次——到時候，你也不會想停下來了。

想法是所有財富的起點，是想像力的產物。我們來檢視幾個創造了巨大財富的知名想法，希望藉由這些例子來清楚說明如何利用想像力致富。

老舊煮水壺裡有黃金

五十年前，一位上了年紀的偏鄉醫生駕車到鎮上，他把馬拴好，悄悄從後門溜進一間藥局，和藥局裡年輕的藥劑師議價。他這趟任務最終為許多人帶來財富，並將造福美國南部地區，是美國內戰以來大眾最廣泛受惠的一次。

老醫生和藥劑師在櫃檯後方低聲討論了一個多小時，他回到馬車，拿來一個巨大老舊的煮水壺和一根木頭攪拌棒（用來攪拌水壺內的東西）。藥劑師檢查了茶壺，一手伸進衣服內側的口袋，掏出一捆鈔票給他，總共是五百美元——這位藥劑師所有的存款！

醫生給了他一小張紙條，上面寫著祕密的配方。這張小紙條上的文字真的是價值連城！但對醫師來說卻並非如此！那些神奇的文字能熬煮出水壺中的東西，但是醫生和年輕的藥劑師都不知道那個煮水壺將會帶來巨大的財富。

老醫生很高興這些東西能賣到五百美元。這些錢能幫他還清債務，讓他不再為此所苦。而藥劑師則冒著極大的風險，他把一生的積蓄都壓在一張紙條和一個老舊的煮水壺上。他從沒想過投資這個煮水壺會帶來源源不絕的財富，甚至超越了阿拉丁神燈的神奇魔法。

這位藥劑師真正買下來的是一個想法！

老舊的煮水壺、木頭攪拌棒和紙條上的祕密都只是湊巧發生。除了紙條上的祕方，藥劑師又加入了一個醫生也不知道的部分，後來奇怪的事就發生了。

仔細讀這個故事，測試一下你的想像力！看看是否能找出來這位年輕人多加的部分，讓煮水壺生出黃金。請記得這不是《天方夜譚》，這個真實發生的故事，比小說還離奇，一切都始於一個想法，這個想法帶來了巨額財富。在世界各地，將煮水壺中之產物帶給無數人們的人，獲得了龐大財富，至今仍是如此。

「老舊煮水壺」已經成為世界上用糖量最大的生產者，為許多種植甘蔗、甜菜和能提煉糖作物、加工並販賣糖的人提供了穩定的工作。

「老舊煮水壺」每年都會用上數以百萬計的瓶子和罐子，為生產這些容器的勞工提供工作機會。

「老舊煮水壺」還在全美各地創造了許多工作機會，包括店員、速記員、文案寫手、廣告從業人員。為產品創造了厲害的影像及廣告的藝術家，也因此變得出名，荷包賺得飽飽的。

「老舊煮水壺」將一個小鎮變成了美國南方的商業重鎮，所有當地企業與居民都直接或間接地受惠。這個想法也嘉惠了世界各地所有先進國家，任何接觸這個概念的人都獲得了源源不絕的財富。

煮水壺帶來的財富打造了美國南方最有名的幾所大學，並持續維持運作，讓年輕人能獲得成功所需的訓練。

其他了不起的還有在經濟大蕭條期間，許多工廠、銀行、企業都倒閉或大幅裁員，而「魔法煮水壺」的主人則繼續向前邁進，在世界各地提供穩定的工作機會，很久之前就對這個想法充滿信心的人，更因此獲得額外的財富。

如果老舊的黃銅煮水壺會說話，它會用各種語言講著鼓舞人的浪漫故事。關於愛情、商業，還有每天受到其刺激的專業人士的浪漫故事。

我曾參與其中一個故事，而一切都始於當初藥劑師買下老舊煮水壺的不遠處。我在那裡遇見我太太，也是因為她，我才知道了「魔法煮水壺」。當我問她是否「無論甘苦」都願意嫁給我的那一刻，我們喝的就是那個煮水壺製造出來的產品。

無論你是誰、身在何處、從事什麼行業，記得以後每次看到「可口可樂」，都要想起這個資金雄厚、影響力無遠弗屆的商業帝國是從一個想法開始的，而藥劑師阿薩·坎德勒（Asa

Candler）加入祕方中的神祕成分就是想像力[16]！

停下來，花點時間思考一下。

也記得，可口可樂的影響力就是透過書中的致富十三個法則，散播到世界各地每座城市、小鎮、村莊、各個角落。你創造的任何想法，只要和可口可樂一樣是穩當的好想法，就有機會複製這個舉世聞名飲料的驚人成功之道。

的確，想法會成真，且運作的範圍涵蓋了整個世界。

金額不是重點，背後的願景才是

以下這個故事證明了「有志者事竟成」。這個故事是備受敬愛的已逝教育家及牧師法蘭克．岡薩魯斯（Frank W. Gunsaulus）告訴我的，他的牧師生涯是從芝加哥南部的牲畜飼養場一帶開始的。

16 阿薩．坎德勒是全世界數一數二最具想像力的業務及行銷奇才。他買下銷售狀況不佳的頭痛藥，讓這款飲品變成貨真價實、全球知名的可口可樂。坎德勒是典型的「思考致富」企業家。他會為所有的事情設定目標並寫下來。他每月設定銷售目標，包括逐月與逐年的目標。開會前，他一定會先寫下希望該會議最後決定的結果。坎德勒也會寫下精神心靈上的目標——像是禱告的主題、《聖經》閱讀等。他訂下計畫後，也會堅持執行。他的曾孫女說：「他沒有想過他會失敗。他拒絕接受……他沒有受過正式訓練，但他總是在尋找能拓展思考的方式。青少年時期，他白天在藥局當店員，晚上會讀醫學書、研讀拉丁文和希臘文。」坎德勒的事業和成就都歸功於決心，而非其受過的訓練或智商。

岡薩魯斯在大學時期看到了教育體系中的諸多缺陷，他相信如果自己是大學校長的話，就能改正這些缺點。他最深的渴望就是成為教育機構的負責人，教導年輕人從做中學。他下定決心要成立一個新的大學，在不受到傳統教育做法的限制下，實踐他的想法。

他需要一百萬美元來執行這個計畫！他要到哪裡找到這麼大筆的錢？這位充滿企圖心的年輕牧師，滿腦子都是這個問題。

但計畫沒什麼進展。

每天晚上他都帶著這個問題入睡，早上起床也在想，去哪都在想。這個問題在他腦袋中轉呀轉，最後成為他心中強烈的執著。他知道一百萬美元是一筆很大的金額，但他也知道唯一的限制是自己在心中設下的局限。

岡薩魯斯是一位哲學家也是一位牧者，和所有的成功人士一樣，他了解必須從明確的目的開始。他也明白，在強烈渴望的支持下，有明確的目的才能獲得活力、生命及力量，才能被轉化為等同的物質存在。

這些他全都知道，但他不知道要去哪、要怎麼做，才能獲得一百萬美元。一般人通常會放棄，然後說：「嗯，我的想法很好，但我什麼都做不了，因為我永遠也得不到我需要的一百萬。」但岡薩魯斯沒有這麼說。他說的話和實際行動非常重要，以下是他的原話。

「週六下午，我坐在房間裡思考要如何籌到執行計畫的錢。我想了將近兩年，但我除了想，什麼也沒做！

「是時候採取行動了！

「我立刻下定決心，要在一週內得到一百萬美元。要怎麼得到？這點我不擔心。重要的是決定要在特定的時間內得到這筆錢，我想告訴你，在我做了明確的決定要在特定時間內得到這筆錢的當下，一股奇怪的信心油然而生，這是我以前從沒體驗過的感受。我內心中彷彿有聲音跟我說：『為什麼你沒在更早之前做決定？這筆錢一直在等著你！』

「然後事情接連發生。我打電話給許多報社，宣布隔天講道的標題是『如果我有一百萬，我會怎麼做。』

「我立刻開始寫講稿，但我一定要老實說，這並不難，因為我準備這天的布道內容將近兩年。這已經成為了我的一部分！

「還沒到午夜，我就寫好了布道內容。我上床就寢，充滿著信心入睡，因為我可以看到自己已經擁有了這一百萬美元。

「隔天我早早起床，進到浴室讀布道的內容，然後雙膝跪地，請求有辦法給我這筆錢的人能注意到這次布道。

「禱告的時候，我再度感覺到信心，知道我將會得到這筆錢。我興奮地走出來，連講稿都忘了，一直到站到布道臺上時才發現。

「當時來不及回去拿講稿，也幸好沒回去拿！我的潛意識提供了需要的素材。當我起身準備講道時，我閉上雙眼，投入所有心神闡述我的夢想。我不單單是在對聽眾說，也想像自己是在對神述說。我講到如果拿到一百萬美元，我會怎麼做。我提到打造一個偉大教育機構的計畫，能讓年輕人學習到實際的內容，也能培養心智。

「講完之後我就坐下，一位坐在大約倒數第三排的男士緩緩起身走向布道臺。我不知道他要做什麼。他走進布道台，伸出手說道：『牧師，我喜歡你的布道內容。我相信如果你有一百萬美元，就能做到你提到的一切。為了證明我相信你和布道內容，如果你明天早上來我的辦公室，我會給你一百萬美元。我的名字是菲利普·阿爾穆。[17]』」

年輕的岡薩魯斯到了阿爾穆先生的辦公室，一百萬美元正在等著他。他用這筆錢創立了阿爾穆理工學院。

絕大多數的牧師一輩子都沒看過這麼多錢，但獲得這筆錢背後的衝動念頭，是在極短時間內出現在這位年輕牧師心中的。這一百萬源自一個想法，而想法背後是渴望，年輕的岡薩魯斯花了將近兩年培養這個渴望。

請注意，重點是他做了明確決定要得到這筆錢後的三十六小時內，就得到了這筆錢，以及一個要得到這筆錢的明確計畫！

年輕的岡薩魯斯想得到一百萬的模糊想法，並不是新鮮事，也沒什麼特別，許多人都有類似的想法。但他在那個難忘的週六所做的決定卻獨特不凡，他拋開原本的模糊猶疑，明確地說：「我會在一週內得到這筆錢！」

神會站在那些明確知道自己想要什麼的人那一邊，如果他們下定決心要達成目標。

17 Phillip D. Armour，從事肉品包裝業。他的兒子 J·阿爾穆（J. Ogden Armour）將阿爾穆公司發展成為全世界最大且最成功的肉品包裝公司。

巨額財富不是來自努力而是點子

除此之外，岡薩魯斯得到一百萬的原則至今仍適用，你也可以得到！這位年輕的牧師當年成功使用了這個法則，而這個普世的法則至今也仍適用。本書一步一步介紹這個法則的十三個要素，並告訴讀者應該如何實際運用。

阿薩．坎德勒和法蘭克．岡薩魯斯兩人有一個共通點，他們都知道這個驚人事實：「透過明確目的和明確計畫的力量，想法將轉化為金錢。」

如果你認為只要努力工作和誠實就能致富，打消這個念頭吧！這不是真的！當巨額財富降臨時，永遠都不是努力工作的結果！財富降臨是因為採取明確的原則，做了明確的要求，並不是靠偶然或運氣得到的。

一般來說，想法就是一種衝動的念頭，在想像力的驅使下採取行動。所有厲害的業務都知道，那些賣不出商品的地方，能賣出想法。一般的業務並不知道這件事——所以他們只是一般的業務。

一位賺取微薄利潤的書籍出版商有個相當值錢的發現。他發現很多人買的是書名，而不是書的內容。他只是改掉一本賣不動的書的書名，銷量就增加了超過一百萬本，而書的內容則完全一樣。他只是換了一個具有「票房」價值的新書名。

看起來很簡單，但那就是一個想法！是想像力起了作用。

想法沒有一個標準的價格。各種想法的創作者自己定價，如果他們夠聰明，就能得到那筆錢。

電影工業創造了一堆的百萬富翁。其中大部分的人都沒辦法創造點子，但是他們有想像力，能發現好點子。

幾乎所有鉅富的故事都始於有想法的創作者和販賣想法的人和諧共事。卡內基的身邊都是能做到他所不能做到的事情的人——那些創造想法和把想法付諸實踐的人——他藉著這樣的做法為自己和他人累積龐大財富。

想法是超級強大的無形力量

數百萬人都在人生中希望能碰上好運。說不定好運氣能讓人得到機會，但最保險的做法就是不要倚賴運氣。我人生中最重要的一個機會是因為一次「好運」，但在此之前，我已經花了二十五年堅持努力。

這個好運是我有幸與安德魯．卡內基會面，並和他合作。卡內基在我心中種下一個想法，將成就的原則整理成「成功之道」。在二十五年間的研究過程中，數千人因此受惠，許多人透過運用這個道理而累積財富。開始很簡單。這是任何人都可以想到的想法。

安德魯．卡內基帶來了好運，但決心、明確目的、達成目標的渴望、二十五年來的持續努力呢？一般的渴望沒辦法克服失望、沮喪、暫時的挫敗、批評和不斷被提醒在「浪費時間」。

唯有強烈的渴望才能做到！堅持下去！

卡內基先生第一次把這個想法灌輸到我的腦海中時，我透過各種勸誘、培養、慫恿，持續保持這個想法。慢慢地，這個想法逐漸茁壯，發展出自己的力量，轉而勸誘、培育並鞭策我。想法就是這樣。**一開始，你賦予想法生命，賦予行動及指引，然後它們會長出自己的力量，消弭所有的反對力量**。

想法是無形的力量，而且比孕育出想法的實體大腦更有力量。在創造想法的大腦死去後，想法的力量會繼續存在。以基督教為例，一開始都始於一個簡單的想法。第一個信條是「你們希望人怎樣待你們，你們也要怎樣待人。」基督已回到當初來的地方，但他的想法持續存在。有時候，想法會獨立發展，這也完成了基督最深切的渴望。而這個想法也不過發展了兩千年。再給它一點時間！

第6章

組織計畫

將渴望化為實際行動

致富法則6

你已經學到一個人在創造或追求的任何值得的事物都始於渴望，而將渴望從抽象轉換到具體的第一步是透過想像力，才能創造出達成渴望的計畫。

第一章告訴你要採行六個明確、實際的行動，這是你把對金錢的渴望轉化為等同財富的第一步。在這些步驟中，其中一點是要擬定明確、實際的計畫，才能將渴望轉化成現實。

這裡教你如何擬定實際的計畫：

❶ 找到一群夥伴。在創造並執行累積財富計畫的過程中，你需要多少夥伴就盡量集結。(可以採用智囊團原則，在第九章會提到。這點至關重要。請勿略過。)

❷ 在組成智囊團之前，先想好你能給智囊團成員哪些好處，藉此換取他們的配合。沒有人會在沒有報酬的情況下一直為你服務，也沒有聰明人會要求或期待別人在沒有合理報酬下為他們工作，就算報酬不一定是金錢。

❸ 每週至少和你的智囊團見面兩次，可以更頻繁，直到你們擬定了累積財富的完美計畫。

❹ 你和智囊團的所有成員都要維持完全和諧融洽的關係。如果你沒有嚴格遵守，可能會失敗。執行智囊團原則的前提一定是完全的和諧融洽。

記住這兩點：

❶ 你要做的這件事對你來說非常重要。想要成功，一定要有滴水不漏的計畫。

❷ 你一定需要借助其他人的經驗、教育、天分、想像力，所有成功累積鉅富的人都用同樣的做法。

沒有人能有足夠的經驗、教育背景、天份、知識，且不借助他人幫忙，而累積出巨額財富。你所有累積財富的計畫，都應該是你和智囊團共同規劃出來的。你可能自己想出全部或部分的計畫，但請確保有智囊團檢查並確認你的計畫可行。

只有內心放棄才是真的失敗

如果你的第一個計畫不成功，就換一個新的。如果新計畫也失敗了，再換一個，重複做，直到你找到可行的計畫。這裡就出現了絕大多數人失敗的原因，因為他們沒有堅持不懈地不斷擬定新計畫來取代失敗的計畫。

沒有實際可行的計畫，就算再聰明的人也無法累積財富，或達成其他目標。請記住，當你的計畫失敗了，這個暫時的挫敗不是永遠的失敗，只代表你的計畫不夠穩當。再擬定其他計畫，從頭來過。

湯瑪斯．愛迪生「失敗了」一萬次，才成功發明了白熾電燈泡。也就是說，他暫時挫敗了一萬次才終於成功。

暫時的挫敗只代表一件事：你知道你的計畫有問題。許多人一生窮困潦倒，因為沒有周全的計畫幫助他們累積財富。

亨利・福特之所以能累積財富，不是因為才智過人，而是因為他採用並遵循了一個經證實穩當的計畫。教育程度比福特好的人比比皆是，但那些人卻窮困潦倒，這是因為他們沒有正確累積財富的計畫。

你的計畫有多周全，你的成就就有多好。這句話看起來很簡單，但的確如此。**人只有在內心放棄，才算真的失敗**。因為人往往一看到失敗的跡象就「被擊倒了」。

詹姆士・希爾[18]一開始嘗試募資蓋美國東部到西部的鐵路時，遇到了暫時的挫敗，但他同樣透過新計畫，將挫敗轉化為勝利。

亨利・福特遭遇了短暫的挫敗，不只在他投入汽車業的一開始，他爬上巔峰後也曾遇到挫敗。他擬定了新計畫，持續向前邁進，成功累積鉅富。

我們往往只看到那些累積龐大財富的人的成功，卻沒有看到過程中短暫的挫敗，他們必須克服這些挫敗，才能「到達」勝利的那一端。

任何遵循這個道理的人都明白，要累積財富一定會遭遇暫時的挫敗。當遭遇挫敗時，接受它，視為你計畫不周全的訊號，重新擬定計畫，然後再次振作朝著目標前進。如果你在達成目

18 James J. Hill，金融與鐵路大亨。他當時是大北方鐵路的總裁，後來擔任董事長。之後則於明尼蘇達州聖保羅的第一與第二全國銀行任職。

標前就放棄了，你就是一個輕言放棄的人。**輕易放棄的人永遠不會是贏家，贏家也永遠不會放棄。**把這句話寫在一張紙上，擺在你每天睡前及早上出門工作前會看到的地方。

你在選擇智囊團的成員時，要努力找到那些不會輕易被挫敗打倒的人。

有些人誤以為只有錢能生錢，並不是這樣的！透過此處提到的原則，渴望能轉化為等同的財富，渴望才能生錢。財富本身只是無生命的物質。金錢無法移動、思考、講話，但當一個渴望金錢的人召喚它時，金錢會「聽」得到！

規劃銷售服務

接下來會說明行銷個人服務的做法。這裡的內容不僅能幫助需要行銷個人服務的人，對於希望在自己領域中擔任領導者的人，也將獲益匪淺。

對於所有希望能致富的人來說，好的規劃是成功的關鍵。

幾乎所有龐大的財富都是從銷售個人服務或想法開始，這點應該很激勵人心。除了想法和個人服務之外，沒有太多資產的人要用什麼換得財富呢？

廣泛來說，世界上有兩種人：領導者和追隨者。你要從一開始就決定好，你想在自己選擇的領域中當領導者還是追隨者。兩者的報酬天差地遠，追隨者不能期待獲得領導者的報酬，不過很多追隨者會誤以為他們也能得到同等報酬。

當追隨者不丟臉，但一直當追隨著也沒有什麼好。大部分偉大的領袖都從追隨者開始，之所以能成為偉大的領袖，因為他們曾是聰明的追隨者。除了少數例外，無法聰明追隨領導者的人，不可能成為一位有效率的領袖。能有效地追隨領導者的人，通常能最快成為領袖。聰明的追隨者有很多優勢，包括有機會從領導者身上獲取知識。

關於領導者的十一個要點

以下是領導者的重要特徵：

❶ **了解自己和自身職業，秉持著堅定的勇氣**。沒有人想追隨對自己沒有信心也沒有勇氣的領導者。聰明的追隨者都不會跟著這樣的領袖太久。

❷ **自制**。沒有自制力的人永遠無法控制他人，自制力是給追隨者樹立一個強大的榜樣，最聰明的追隨者會仿效這樣的特質。

❸ **熱切追求公義**。不在意公平與正義的領導者，無法贏得並持續獲得追隨者的尊敬。

❹ **明確的決定**。做決定時猶疑不定的人，表示他們對自己也不確定，無法成功領導他人。

❺ **明確的計畫**。成功的領袖一定會規劃，規劃後一定會執行。那些走一步算一步，沒有實際明確計畫的領導者，就像是一艘沒有舵的船，很快就會撞上岩石。

❻ **習慣做得更多**。擔任領導者的缺點之一，就是要願意做得比他們要求追隨者做的更多。

❼ **個性討人喜歡**。馬虎、隨便的人無法成為成功的領導者。領導者需要得到眾人的尊敬，追隨者不會尊敬那些在「個性討人喜歡」各面向都表現平平的領導者。

❽ **同情和理解**。成功的領導者一定能同情追隨者，不僅如此，他們會了解追隨者及追隨者面臨的問題。

❾ **掌控細節**。成功的領導者一定能掌握作為領袖的各項細節。

❿ **願意負起全責**。成功的領導者一定願意為追隨者犯下的錯誤及缺點負起責任。如果他們試圖轉嫁責任，就不可能繼續擔任領導者。如果追隨者犯了錯、能力不佳，領導者一定會認為是他們自己失敗了。

⓫ **合作**。成功的領導者一定了解並能運用合作的原則，且引導追隨者一起這樣做。領導需要力量，而力量需要合作才能達成。

領導力有兩種。目前最有效的就是領導者獲得追隨者認同的民主式領導，另一種是領導者沒有獲得追隨者認同的獨裁式領導。

歷史中獨裁式領導無法長存的例子比比皆是。獨裁者和君王的垮臺和消失有其重要意義，這代表人們不會永遠追隨獨裁式領導。

現在是領導者與追隨者關係改變的全新時代，需要新的領導者，在工商業都需要不同類型的領袖。那些傳統獨裁式領導需要了解全新的領導風格（合作），否則就會被貶至追隨者的行列，沒有其他的路可走。

在未來，雇主與員工或領導者與追隨者將會是相互合作的關係，公平分享企業的利潤。在未來，雇主與員工的關係將會更像夥伴關係。拿破崙[19]、德國的威廉二世[20]、俄國最後沙皇[21]、西班牙國王[22]都是獨裁式領導的例子。他們領導的時代已經過去。我們很容易就能從這些前領導者的原型，找到美國商業、金融、勞動界中的領袖，他們要不是被免職，不然就是即將捲鋪蓋走人。（經追隨者同意的）民主式領導是唯一能永續長存的領導者類型！

人們或許會暫時追隨獨裁式領導者，但不會是自願的。

新型態的領導者會運用這章的「關於領導者的十一個重點」及其他因素。將這些作為領導基礎，在各行各業中都能找到許多領導機會。我們身處的時代之所以景氣持續低迷，很大一部分原因就是缺乏新型態的領導力。現在，對於能採用新方法的領導者之需求遠遠超過供給。有些舊型態的領導者會改變並調整自己，轉而採取新型態的領導方式，但大體而言，這個世界需要新的領導人才。

這個需求可能就是你的機會！

19 滑鐵盧一役吃下敗仗後，拿破崙最後獨自流亡至南大西洋的聖赫勒拿島，並於一八二一年逝世。
20 德國於第一次世界大戰戰敗後，威廉二世於一九一八年退位，流亡至荷蘭，安靜度過餘生，並於一九四一年過世。
21 一九一七年初，俄羅斯最後一位沙皇尼古拉二世（Nicholas II）被迫退位。隨後與其家族被處死。
22 在西班牙政治動盪十年後，國王阿方索十三世於一九三一年被廢除。在外過著流亡生活十年後過世。

領導者失敗的十個主要原因

接著是領導者失敗的主要原因，因為知道不要做什麼跟知道要做什麼一樣重要。

❶ **無法組織細節工作。**有效的領導者需要有組織、掌握細節的能力。真正的領導者永遠不會「忙到」沒法做那些領導者該做的事情，不管是領導者或追隨者，承認自己忙到沒法改變計畫，或關注任何緊急情況時，其實就是在承認自己沒有效率。成功的領導者一定能掌握所有與其職位有關的細節。當然，這代表他們一定習慣將細節工作交給有能力的屬下。

❷ **不願意做低下卑微的工作。**真正偉大的領導者在需要的時候，會願意做那些請其他人做的工作。「你們中間誰為大、誰就要作你們的用人。」[23]這是所有領袖都應該遵循的道理。

❸ **期待因為自己知道什麼而獲得報酬，而不是用那些知識做的事情而得到報酬。**這世界不會因為你知道的東西而給你報酬。而是因為你做的事情或引導他人做的事情而給你報酬。

❹ **害怕來自追隨者的競爭。**那些害怕追隨者會搶了自己位子的領導者，遲早會面對這個恐懼。有能力的領導者可以訓練底下的人，並將相關的細節工作交給他們做。唯有這

23 出自《聖經：馬太福音》。

樣做，領導者才能分身，讓自己可以在同一時間出現在不同地方、關注許多不同的事情。能讓其他人做事的人，得到的報酬會遠勝於他們自己做那些工作所能掙來的錢，這是永恆的真理。有效率的領導者可能會利用對工作的了解、個人魅力，有效提高其他人的效率，並讓他們提供更多更好的服務，這些都是在缺少領導者幫助下無法達成的。

❺ **缺乏想像力**。如果沒有想像力，領導者就沒有辦法處理緊急狀況並生出計畫，有效地引導追隨者。

❻ **自私**。將追隨者付出的努力都據為己有的領導者一定會被憎恨。偉大的領導者不會將功勞據為己有，有功勞的時候，他們會樂於見到光環落在追隨者身上，因為他們知道大部分的人會為了讚揚和肯定而更努力工作，而不會只為了錢而努力。

❼ **不節制**。追隨者不會尊敬一個毫無節制的領導者。不僅如此，在任何事物上無所節制，會摧毀所有沉溺其中的人的耐力與活力。

❽ **不忠誠**。這或許應該放在第一點。對於信賴自己的人、夥伴、上級或下屬不忠誠的領導者，無法在領導職位做太久。不忠誠的人連塵土都不如，並會招致他人輕蔑，這都是他應得的。缺乏忠誠無論在哪個行業都是失敗的主要原因之一。

❾ **過度強調領導者的權威**。有效率的領導者會透過鼓勵的方式，而不是讓追隨者感到恐懼。試圖用「權威」影響追隨者的領導著是「獨裁式領導」，真正的領導者不需要刻意強調這點，他們會透過自己的行為——同情、理解、公平、展現對自身工作的了

解——來證明這點。

❿ **過度強調頭銜稱號**。有能力的領導者不需要靠頭銜來贏得追隨者的尊敬。太過強調個人頭銜的人，通常沒有其他事情可以強調。真正的領導者大門會向所有想進入的人敞開，工作的環境既不拘謹形式，也不會虛有其表。

這些是領導失敗的最常見原因，任何一點都足以導致失敗。如果你希望成為領導者，請仔細研讀，確保你沒有這些缺點。

需要新型領導者的潛力領域

這章結束前要講講幾個有潛力的領域，這些領域的領導者逐漸減少，新型態領導者或許可以找到豐富的機會。

❶ 政治圈一直都需要新的領導者，這個需求非常急迫。絕大多數的政治人物似乎都變成了合法的高級騙子。他們提高稅收，放任工商業不管，直到人民無法承受重擔。

❷ 銀行業正面臨改革。這個領域的領導者幾乎都失去了大眾對他們的信心。銀行家已經嗅到改革的需求，也正著手進行。

❸ 工商業界需要新的領導者。傳統領導者想的、做的都是以分潤為主，而不是以平等為考量！這個領域未來的領袖如果要做得長遠，一定要把自己視為類政府官員，職責就是取得眾人的信賴，不讓個人或團體受苦。剝削勞工已經是過去的事，想成為工商業界領導者的人都要記住這點。

❹ 未來的宗教領袖一定會更注意追隨者的世俗需求，解決他們現有的經濟和個人問題，較少花時間在已逝的過去及還未發生的未來。

❺ 法律、醫藥、教育的專業領域需要新型態的領導力和領導者。尤其是在教育領域，教育界未來的領導者一定要找到方法教導學生運用在學校習得的知識。教育者必須花更多時間在實作練習，而不是理論。

❻ 新聞業需要新的領導者。未來的報紙如果要成功，一定要擺脫「特權」及廣告補助的束縛，他們必須停止成為那些在報紙下廣告的客戶的喉舌。那些報導醜聞和淫穢圖片的報紙，最後終將毀滅人類心智。

以上是幾個需要新領導者與新型領導力的領域。這個世界正在快速變遷，鼓勵人類改變習慣的媒介，必須順應這些改變而調整。以下媒介主導了文明的趨勢發展，接下來會提到何時以及如何申請職缺，這是協助許多人成功行銷其服務的多年經驗分享，可以算得上是穩當又實際的建議。

行銷個人服務的方式

經驗證明了以下幾種最直接、有效的方式，能夠將個人服務的買方與賣方兜在一起。

❶ 人力仲介機構。小心選擇最有聲譽的機構，管理階層能夠出示紀錄曾達成令人滿意的結果。這樣的機構相對比較少。

❷ 在報紙、貿易刊物、雜誌上刊登廣告。分類廣告通常用在尋找文書或一般領薪水的工作，展示型廣告比較適合那些想找主管職的人。文案須由專家完成，專家知道如何安排足夠的產品特點，引發購買的興趣。

❸ 求職信，提供給最需要該服務的特定公司或個人。信件一定要排版整齊，手寫署名，同時附上應徵者的完整資歷。應徵信及履歷應該由專家準備，或者看起來要有專家水準。

❹ 由認識的人轉介。有機會的話，應徵者應該透過共同認識的人向心儀的雇主應徵工作。這種方法尤其適合那些要找主管職缺，又不想看起來在自我「推銷」的人。

❺ 自己申請。有時候，更有效的方式是由應徵者自己找潛在雇主提供個人服務，這種情況會需要附上關於該職缺完整的個人資歷，因為雇主通常會希望和同事討論應徵者的資歷。

有效履歷的八個要點

履歷要用心準備，如同律師準備上法庭的訴訟摘要一樣謹慎。除非應徵者在準備履歷方面已經很有經驗，否則應請教或聘僱專家協助。成功的商人會僱用懂得廣告藝術及心理學的人，協助呈現其商品的優點，要行銷個人服務的人也應該照做。履歷應該具備以下八點：

❶ **學歷**。簡要但明確說明學歷及修過的專業科目，說明修習此專業的原因。

❷ **經歷**。如果有和應徵職缺相關的經歷背景，請詳細說明，並提供前雇主的名稱與地址。一定要清楚提到任何有助於新職缺的特殊經驗。

❸ **推薦人**。對於應徵管理職缺的應徵者，幾乎所有企業都會想了解該應徵者過去所有的紀錄。履歷附上以下人士的推薦信副本：

a. 前雇主。

b. 曾教過你的老師。

c. 具有公信力的重要人士。

❹ **照片**。附上一張未經黏貼的個人近照（如果你的履歷是由專人印製，可一併印製）。

❺ **應徵特定職位**。應徵時，一定要明確說明你要應徵的職缺。永遠不要應徵「隨便一個職缺」，這會顯示你缺乏專業資歷。

❻ **針對你要應徵的特定職缺，說明你的資歷**。詳細說明你認為自己符合特定職缺的原

因，這是你應徵文件中最重要的細節。這對公司在進行考量時，影響最大。

❼ **提議採用試用期**。在絕大多數的例子中，當你決心要爭取到該職缺，如果你提議在不支薪的狀況下，為該公司工作一週、一個月或一定時間，讓未來主管能評量你的價值，這會是最有效的做法。這個建議聽起來可能很極端，但經驗證明了這個做法通常能贏得一次的機會。如果你對自己的資歷有信心，你就只需要一次試用的機會。順帶一提，這樣的提議也顯示你有信心能勝任該職缺。這是最能說服人的方式。如果對方接受你的提議，你也做得很好，對方很可能會支付你試用期的薪水。要說清楚你的提議是基於以下幾點：

a. 對自己有信心能勝任該職缺。

b. 有信心潛在雇主在試用期之後能僱用你。

c. 對於想獲得該職缺的決心。

❽ **了解潛在雇主的業務領域**。應徵工作之前，針對該企業業務領域做好充足功課，徹底熟悉該領域，並在履歷中呈現出你對該領域的了解。雇主會感到很驚豔，因為這顯示了你對申請職缺有想像力，而且真的很有興趣。

記得，**贏得官司的不是知道最多法條的律師，而是把案件準備工作做得最好的律師**。如果你也好好準備並呈現「案件」，那你就贏在起跑點了。

不要擔心履歷太長。就像你想爭取某個職缺一樣，雇主也想向優秀的應徵者購買所需的服務。事實上，最成功的雇主之所以成功，主要是因為他們能找到最優秀的員工，他們想得到所有可以獲得的資訊。

也記得履歷排版整齊、內容仔細校對，做好這個工作表示你是一個用心謹慎的人。我曾經幫客戶準備履歷，內容令人驚豔且與眾不同，客戶最後沒有面試就拿到了工作。

履歷完成後，用你能找到最好的紙整齊印製，裝訂或放進合適的資料夾中。如果要投給許多間公司，封面就要換成個別公司及應徵職缺的名稱，照片要貼在或印在履歷上的其中一頁。遵循以上指示，視需要進行調整。

成功的業務員會精心打點自己的外貌，他們知道第一印象影響久遠。你的履歷就是業務員，給它一身好行頭，你的履歷將會是潛在雇主看過的最突出的一個。如果你想應徵的是一個值得的好工作，那就值得你仔細準備。不僅如此，如果你在推銷自己時，用自己個別獨特的方式讓雇主印象深刻，可能會得到更高的起薪，或許會比你用一般常見方式應徵得到更多的報酬。

如果你透過人力仲介公司應徵工作，確保他們在推銷你的時候，用的是你準備的履歷，或是用符合以上所有條件的履歷。不管是對仲介公司或潛在雇主，這樣的做法都會對你有利。

如何得到渴望的職缺

每個人都喜歡做最適合自己的工作。藝術家喜歡用顏料工作，工匠喜歡用手創造，作家喜歡寫作。那些才華比較不明確的人，對於特定領域的工作也有自己的偏好。如果說美國有什麼好的，那就是提供了多元的工作機會，從土壤排水、製造生產、行銷、貿易到專業工作都有。

要得到你夢想中的職缺，請做到以下七個步驟：

❶ **決定**並簡要明確地寫下你渴望得到的工作。如果這個工作還不存在，說不定你可以創造這個工作。

❷ 選擇你想要工作的特定公司，或者一起工作的特定人選。

❸ 研究你的未來雇主，了解其政策、人員、升遷機會。

❹ 分析你自己、你的才華和能力，了解**你可以提供什麼**，並針對你認為自己能成功提供的優勢、服務、發展、想法，規劃出實際做法。

❺ 忘記「一個工作」這件事，忘記到底有沒有職缺釋出，忘記常見的「有沒有職缺」的流程。專注在**你可以提供什麼**。

❻ 想好計畫之後，請有經驗的寫手將其寫下，排版整齊且鉅細靡遺。

❼ 將文件交給權威性的合適人選，讓對方負責接下來的工作。每間公司都在找尋能提供價值的人選，不管提供的是想法、服務或「人脈」。對於那些有明確行動計畫，能為公司帶來利益的人，每間公司都為他們留了位子。

這一連串的流程可能需要付出好幾天，甚至好幾週的額外時間，但這樣的努力所換取到的收入、升遷機會，肯定遠勝過花好幾年在收入低的工作努力打拼。這樣做的主要好處就是能幫你省下達到目標的時間至少五年。

每個能從升遷之路半途開始往上爬的人，都經過刻意的詳細規劃（當然除了老闆的小孩之外）。

行銷服務的新方法：將「工作」變成「夥伴關係」

未來想要盡可能找到優勢、行銷個人服務的人，一定要了解雇主與員工的關係已經發生巨大改變。

在未來，「黃金準則」將會成為銷售產品與個人服務的主導因素。未來雇主與員工的關係會更像夥伴關係，包括了：

❶ 雇主。
❷ 員工。
❸ 服務的大眾。

這種行銷個人服務的方式，之所以「新」，包括幾個原因。首先，未來的雇主與員工被視為「工作的夥伴」，為的就是有效率地服務大眾。在過去，雇主與員工彼此間討價還價，談判爭取最好的條件，卻沒想過在最終的分析中，他們討價還價最後犧牲的是第三方——他們服務的大眾。未來真正的雇主將會是大眾。所有想要有效行銷個人服務的人，一定要謹記在心。

世界變化好大！這是我一直強調的重點。時代改變了！種種的改變都反映在各行各業中。「誰管大眾去死」的政策已成歷史，取而代之的是「竭誠為您服務」的政策。

現代銷售奉為圭臬的是「殷勤」與「服務」，更適合推銷個人服務的人，而不是他們所服務的雇主，因為在最終的分析中，雇主和員工都是被他們所服務的大眾所僱用。如果提供的服務不佳，將失去服務的權利。

經濟大蕭條期間，我花了好幾個月在賓州的無煙煤區，研究整個煤礦業幾乎毀壞的狀況。我有幾個非常重大的發現，而礦場及礦工的貪婪是導致礦場衰敗、礦工失去工作的主要原因。

由於某些勞工代表態度過於激烈，以及礦場老闆太貪婪想賺更多錢，整個無煙煤業瞬間萎縮。礦場老闆和員工彼此間激烈地討價還價，將成本轉嫁到煤礦價格，最後發現「他們拱手將生意送給了燃油相關企業及原油製造商」。

許多人曾在《聖經》中讀過：「罪的工價乃是死！」卻很少人了解其意思。幾年來，美國和全世界都在聽一個布道，或許可以稱為：「人種的是甚麼、收的也是甚麼」。

景氣蕭條的影響範圍如此廣泛，不可能「只是剛好」，背後都有原因。這裡的原因可以直接追溯到之前想收穫卻不願付出的經濟習慣。

但不要誤以為艱困的不景氣時期代表了作物，不要誤以為我們是被迫收成自己沒有種下的作物。問題是我們種錯了種子，所有農夫都知道不可能種下薊的種子，然後收成穀物。有很長一段時間，美國和其他地區的人種下服務的種子，但品質和數量都不夠，幾乎所有人都想「吃免費的午餐」。

那些推銷個人服務的人注意到，我們之所以陷入困境，是我們自己造成的。如果有一種因果關係在控制商業、金融和交通，那麼也控制了個人，決定了他們的經濟狀況。

你的QQS等級是多少？

前面清楚說明了成功且能持續有效推銷服務的原因，唯有研究分析、了解、應用這些原因，才能成功且持續行銷個人服務。每個人都必須「推銷」自己的服務，服務的品質和數量，其呈現的精神，一定程度能決定服務的價格及工作存續時間的長短。如果要有效推銷個人服務（長期存在的市場、價格與條件令人滿意），就必須遵循「QQS公式」——品質加上數量再加上合作精神。牢記QQS公式，但不要停在這裡，還要當作習慣一樣來用！

以下分析這個公式，確保我們都能完全理解。

❶ 服務的品質是指將和工作相關的所有細節以最有效率的方式執行，永遠都要想著如何進一步提升效率。

❷ 服務的數量是指培養盡可能隨時提供服務的習慣，目的是要增加提供服務的次數，因

為透過練習與經驗才能鍛鍊出更好的技術。再次強調，習慣很重要。

❸服務的精神是指建立行為友好關係的習慣，才能鼓勵夥伴與同事與你合作。足夠的服務品質與數量不足以為你的服務維持一個長期的市場，你提供服務的行為或精神是決定性的因素，會影響你獲得報酬的價格及工作存續的時間長短。安德魯・卡內基在談到成功推銷個人服務的要素時，最注重這一點。他一再強調友好行為非常重要，不管一個人的工作品質多好或產出數量有多麼多，如果沒有「友好」精神，就不會留下這個人。卡內基先生堅持，態度要友善。為了證明他非常重視這個特質，他讓許多符合這個標準的人都變得超級富有。那些不符合的人就必須把機會讓給別人。

強調個性討人喜歡的重要性，是因為這種特質能讓人用合適的精神提供服務。如果具備討人喜歡的個性，又有友善的精神提供服務，這些特質通常能彌補品質和數量的不足之處，但友好的行為無法被成功取代。

你個人服務的資本價值

收入完全來自販售個人服務的人，就跟販賣貨物或商品的人一樣，同樣也適用和販售商品一樣的規則。強調這一點是因為大多數販售個人服務的人，都誤以為不用遵守和那些販售商品者同樣的規則。

行銷服務的新方式幾乎迫使雇主與員工形成夥伴結盟，開始思考第三方，也就是他們所服務的大眾權益。

崇尚一味爭奪的時代已經過去，取而代之的是願意付出的精神。企業的高壓終於揭穿了這個事實。沒必要再回到過往模式，因為未來企業不再以高壓的方式運作。

你的腦力生產的實際資本價值，可能會由你能創造的收入來決定（藉由販售個人服務）。一個公平估算你的服務資本價值的方式，是將你的年收入乘以十六又三分之二（或十六點六六七），可以合理的估算你的年收入大約占你的資本價值的六%。（金錢的價值比不上腦力。通常遠低於腦力的價值。）

有能力的腦力工作者，如果能有效進行推銷，相較於販售貨物或商品，會是更好的一種資產，因為腦力工作者所擁有的資產不會因為經濟蕭條而持續貶值，也不會被偷走或被花掉。除此之外，做生意所需的金錢就跟沙丘一樣沒有價值，要搭配有效的想法，才會變得有價值。

失敗的三十個主要原因

以下哪些原因讓你停滯不前？

人生中最悲慘的事情就是認真努力嘗試，最後卻失敗！而且失敗的人占大多數，成功者卻少之又少。

我曾有幸分析數千人，九十八%的的人都被歸為失敗組。這個文明社會、教育體系一定有哪裡嚴重出錯，才會有九十八%的人一輩子都以失敗度過。但我寫這本書不是要檢討世界上的對錯，那個主題的書會比這本厚一百倍。

我的研究與分析證明，失敗的主要原因有三十個，有十三個主要原則能助人累積財富（致富的十三個法則）。下面會介紹失敗的三十個主要原因，看這份清單時，逐項檢視自己，看看其中有多少原因導致你無法成功。

❶ **先天劣勢**。先天腦力有缺陷的人，幾乎沒有什麼可以做的。思考致富之道提供了唯一能彌補此缺陷的方法，就是透過智囊團的幫助。但仔細觀察，這是失敗的三十個原因中，唯一一個無法輕易被修正的。

❷ **人生缺乏明確目標**。對於沒有核心目的或明確目標的人，也不必期待會成功。我分析的每一百人中，至少有九十八個人沒有這樣的目標，說不定這就是他們失敗的主要原因。

❸ **缺乏脫離平庸的企圖心**。那些不在乎在人生中要領先超越，也不願意付出代價的人，也沒有機會成功。

❹ **教育程度不足**。這個缺陷相較之下比較容易克服。經驗證明，教育程度最好的人，通

常是能「靠自己努力」或自學的人。要成為一個受到良好教育的人，一份大學文憑並不夠。一個受過教育的人，是學會在不侵犯他人權益的狀況下，得到人生中想要事物的人。教育包含的不是知識，而是如何持續有效運用這些知識的能力。人不光是因為知識而獲得報酬，而是因為能夠運用自己知道的知識。

❺ **不自律**。紀律須透過自我控制培養，這代表必須控制所有負面的特質。在你能控制情況前，一定要先學會控制自己。自制是你會面臨到的最艱鉅的挑戰。如果你不能戰勝自我，那你就會被自我戰勝。站到鏡子前，你會同時看到你最好的朋友及你最大的敵人。

❻ **健康狀況不佳**。如果沒有健康的身體，就無法享受非凡的成就。造成身體健康欠佳的很多原因都和自制力有關。主要有：

a. 吃過多不營養、不健康的食物。

b. 錯誤的心理習慣，展現負面態度。

c. 誤用並過度沉溺於性行為。

d. 缺乏運動。

e. 未能呼吸足夠的新鮮空氣，導致呼吸不順。

❼ **童年時期的不當影響**。「嫩枝若被弄彎，長成樹時將繼續傾斜生長」[24]。大部分有犯

24 譯者註：意指兒時發生的事情將一路影響至成年生活。

罪傾向的人，都是因為童年時期暴露在龍蛇雜處的惡劣環境中。

❽ **拖延**。這是失敗最常見的原因。每個人內在都有個「拖延的老頭」，他默默在角落等待，一有機會就毀掉你的成功！大部分人一生都以失敗告終，因為他們很習慣要等到「適合的時機」才開始行動。不要等。永遠不會有「剛剛好」的時機。從你所處狀態，以隨手可得的工具開始，在努力的過程中可能就會出現更好的工具。

❾ **無法堅持**。大部分人都是虎頭蛇尾，不僅如此，也很容易一看到挫敗跡象就放棄。堅持沒有替代品，能以堅持作為座右銘的人會發現，「失敗的老頭」最後倦了就會離開。失敗招架不了堅持的力量。

❿ **負面人格**。因為個性負面而讓人避之唯恐不及的人，不可能成功。成功來自力量的運用，而力量則要透過他人的配合才能得到。個性負面的人不可能讓人願意與其合作。

⓫ **無法控制性衝動**。因為人類先天生理構造與基因，性能量是所有刺激中最強大的，會促使人採取行動。正因是最強烈的情感，一定要好好控制——透過一個轉變的過程，轉化至其他途徑。（第十章會再詳述。）

⓬ **渴望「不勞而獲」**。許多人因為好賭而走向失敗，研究一九二九年的華爾街崩盤就能找到證據，當時許多人為了發財玩股票。

⓭ **缺乏做決定的明確力量**。成功的人會快速做好決定，如果想要改變，也改變得很緩慢。失敗的人做決定很慢，然後改變決定卻很快又很頻繁。優柔寡斷和拖延是雙胞胎，如果看到其中一個，大概也會看到另一個。斬除這兩個特質，否則它們送你走上失敗

的道路。

⑭ **在六個基本恐懼中，具備其中一個或多個恐懼**。之後的章節會分析這些恐懼，你要是想有效推銷自己的服務，一定要先掌握這些恐懼。

⑮ **選錯婚姻伴侶**。這是最常見的失敗原因。婚姻中的兩人關係親密，如果關係不和諧，很容易就會導致失敗。不僅如此，這種悲慘又不開心的失敗會摧毀你所有的企圖心。

⑯ **太過謹慎**。不願冒險的人通常都只能撿其他人選完的東西。太過謹慎和不夠謹慎一樣有害，這兩個極端都應該小心防範，因為人生中充滿了各種冒險。

⑰ **選錯事業夥伴**。這是商業中最常見的失敗原因。在推銷個人服務時，要審慎選擇雇主，選一個能啟發你、聰明且成功的對象。我們會仿效那些密切合作、相處的人，所以請選一個值得仿效的雇主。

⑱ **迷信和偏見**。迷信是一種恐懼。也代表無知。成功的人保持著開放的心胸，什麼也不怕。

⑲ **選錯職業**。那些不喜歡自己工作的人，不可能會成功。在銷售個人服務時最重要的一點，就是選擇一個你會全心全意投入的工作。

⑳ **專注度不足**。博而不精的人通常沒有什麼事能做得很好。將你所有的努力都專注在一個「主要明確的目標」。

㉑ **無限度揮霍的習慣**。揮霍無度的人無法成功，因為他們永遠都會對貧窮感到恐懼。從今天起開始系統性的儲蓄，將每月收入的一定比例存起來（理想上是十八%到

二十%，如果有困難，五%絕對是最低標準）。在販售個人服務時，如果遇到人討價還價，銀行裡的存款能給人勇氣的後盾。沒有錢就只能接受對方的出價，能拿到就該偷笑了。

㉒ **缺乏熱情**。沒有熱情就無法說服他人。不僅如此，熱情是有感染力的，有適當熱情的人通常到哪裡都受歡迎。

㉓ **心態狹隘**。對什麼事情都抱持封閉心態的人很少會成功。心態狹隘代表那個人已經停止接收知識。那些在宗教、種族、政治立場上態度狹隘的人，是最有害的。

㉔ **不節制**。在飲食、酗酒、藥物、性上的不節制是最有害的，過度沉溺任何一種都會對成功造成毀滅性的影響。

㉕ **無法與人合作**。因為無法與人合作而丟掉工作、錯失人生中大好機會的人，比因為其他原因失敗的人加總起來還要多。任何見多識廣的商人或領導者都無法容忍這個缺點。

㉖ **不是透過自身努力所擁有的權力**，例如：富二代繼承不是自己賺來的財富。不是靠著自己努力所獲得的權力，最後通常會成為影響成功的致命原因。快速致富比貧窮還危險。

㉗ **故意不誠實**。誠實沒有替代品。人有時可能會因為情況無法控制，而暫時不誠實，這並不會造成永久傷害。但故意說謊的人就沒救了，他們遲早要為自己的所作所為付出代價，不僅會失去信譽，說不定還會失去自由。

❷❽ **自負又虛榮**。這些特質就像紅燈，警告其他人要保持距離，是無法成功最致命的影響。

❷❾ **用猜的而不用想的**。大部分人都因為太無所謂或太懶，不願意去找到事實資訊並正確思考，他們寧願用猜的或倉促判斷下得出的「意見」，作為採取行動的依據。

❸⓿ **缺乏資金**。對於第一次創業的人，這是常見的失敗原因。他們沒有足夠的備用資金來度過一開始因錯誤導致的損失，而可以撐到建立信譽後。

❸❶ ________________________________

（寫下你曾經遭遇卻沒有出現在上述的特定失敗原因。）

在「失敗的三十個（或三十一個）主要原因」名單中，幾乎囊括了所有試過又失敗的嘗試。找一個很了解你的人，和你一起看看這個名單，幫你分析自己是否符合這三十個失敗原因，這會很有幫助。自己一個人分析或許幫助不大，大部分人無法看到別人眼中的自己，你可能就是那個看不到的人。

最古老的箴言就是「認識你自己！」如果你能成功推銷一件商品，一定很了解這個產品。推銷個人服務也是一樣的道理，你應該了解自己所有的弱點，才能補足或徹底消除這些缺點。你應該了解自己的優勢，在銷售自己的服務時，才能讓別人注意到。唯有透過精確的分析，才能了解自己。

曾經有一名年輕男子向知名企業的經理應徵職缺。他給經理留下很好的印象，直到問及他期望的薪資。他回答，他心中沒有一個確切的數字（缺乏明確目的）。經理接著說：「我們試用你一週後，會支付你值得的薪資。」

「我不接受。」申請者答道，「因為我現在任職的公司給的薪水更高。」

在你要談調薪或找新工作之前，確定你值得比目前所領更高的薪資。

想要財富是一回事——大家都想要更多錢——但值得更多錢則是完全不一樣的事情。很多人誤以為他們想要的就是他們應得的，你要求或想要的錢，和你值得多少錢完全沒有關係。你的價值完全建立在你能提供有用服務的能力，或你能讓其他人提供這樣服務的能力。

盤點自己

年度自我分析對有效推銷個人服務很重要，就像是年度商品盤點的工作。不僅如此，年度分析應該包括減少的缺點及增加的優點。人生無非是持續向前或原地踏步，不然就是倒退走。人的目標當然要往前邁進。年度個人分析會揭露有哪些進步？進步了多少？也應該揭露有哪些地方退步？如果想有效推銷個人服務，就必須向前走，就算進展緩慢。

你的年度個人分析應該在每年年底進行，這樣一來，在做新年新計畫時，就能把分析顯示應該改善的部分加入新計畫裡。在盤點時，問自己以下問題，在檢查自己答案的同時，找一個不會讓你寫些騙自己答案的人來協助。

個人盤點的自我分析問卷

❶ 我是否達成了今年設定的目標？（你應該設定一個明確要達成的年度目標，與你人生重大目標相關。）

❷ 我是否盡可能提供了品質最好的服務？或者我是否能改善服務的任何環節？

❸ 我是否盡可能提供了數量最多的服務？

❹ 我的舉止是否一直保持友好、合作的精神？

❺ 我是否讓拖延的習慣降低效率？如果是的話，影響的程度如何？

❻ 我是否改善了個性？如果是，在哪些部分有所改善？

❼ 我是否堅持完成計畫？

❽ 我是否隨時都能迅速且明確地做決定？

❾ 我是否讓六個基本恐懼中的任何一個或多個恐懼降低了我的效率？

❿ 我是否過度謹慎或不夠審慎？

⓫ 我和工作夥伴的關係愉快或不愉快？如果不愉快，是否有一部分或全部都是我造成的？

⓬ 我是否因為沒有專注投入，而浪費了我的能量？

⓭ 我對所有的事物是否都保持開放且寬容的心胸？

⓮ 我如何改善自己提供服務的能力？

⓯我是否有任何過度沉溺的習慣？
⓰我是否曾公開或私下展現出任何自負的樣子？
⓱我對夥伴的行為舉止是否能獲得他們的尊敬？
⓲我的意見及決定是基於猜測或精準的分析和思考？
⓳我是否養成安排自己時間、編列支出與收入的習慣？我在這些方面的安排與支出是否謹慎？
⓴我花了多少時間在沒有益處的努力上？而這些時間其實可以花在更有用的事情上？
㉑我應該如何重新安排時間、改變習慣，在新的一年才能變得更有效率？
㉒我是否做了不被個人良知所允許的事情？
㉓我在哪些方面提供了比客戶要求更多、更好的服務？
㉔我是否曾對任何人不公平？如果是，是在哪些方面？
㉕如果我是今年向我購買服務的客戶，我會滿意嗎？
㉖我是否在對的行業裡？如果不是，為什麼？
㉗我的客戶是否滿意我提供的服務？如果不滿意又是為什麼？
㉘我在成功的基本原則上，目前得到的評分是多少？（公平且誠實地進行評分，並請一位也有勇氣精準評斷的人來為你檢查。）

閱讀並吸收本章資訊後，你已經準備好為行銷個人服務擬定一個實際的計畫。這一章提到在規劃推銷個人服務時，所有重要的原則，包括領導者的主要特色、領導者最常見的失敗原因、有潛力發展領導力的領域、各行各業主要失敗原因、自我分析時的重要問題。

所有要透過推銷個人服務來致富的人，一定需要知道這些內容，包括失去工作、資產、財富的人，還有才剛開始賺錢，只能透過推銷個人服務維生的人。這些內容很重要，能提供他們有效推銷服務的實用資訊。對於想在各領域成為領導者，以及透過推銷個人服務成為企業主管的人，也非常有價值。

徹底吸收理解本章資訊，不僅能幫你推銷個人服務，也能加強分析能力，更有能力評斷他人。對於人資主管和所有負責篩選員工與維持組織有效運作的主管、高層，這些資訊更是無價。如果你有所質疑，可以寫下你針對二十八個自我分析問題的回答，測試以上敘述是否周全。就算你對上述內容沒有疑慮，寫下回答可能也很有趣，對你也會有幫助。

致富的機會在哪裡？怎麼找？

分析了致富的十三個法則中的六個後，自然會想問：「要到哪裡找到合適的機會，運用這些原則呢？」很好，讓我們盤點一下，看看美國為那些想致富的人提供了哪些機會。

請記得，在我們身處的國家中，所有守法公民都享有思想自由與行為上的自由，這是其他地方比不上的。大多數人從來沒有檢視過這樣的自由的好處。我們從來沒有將我們無限的自由拿去和其他國家受限的自由相比。

我們有思想和言論自由、宗教自由、政治上的自由、選擇職業的自由、不妨礙他人情況下累積所有資產的自由、選擇居住地的自由、婚姻自由、所有種族機會平等的自由、移動的自由、選擇食物的自由、在人生中選擇追求任何身份地位的自由——甚至包括成為美國總統。

我們還有其他形式的自由，以上只包括一些最重要且提供了最多機會的自由。這些自由的好處顯而易見，因為美國是世界上唯一一個國家，提供了不管是本地出生或歸化的所有公民如此廣泛多元的自由。

看看這些廣泛的自由給了我們哪些機會。以一般美國家庭來舉例（平均收入的家庭），歸納一下這個家庭中所有成員在這塊機會與富饒之地能享有的好處。

食物。在思想與行為自由後，接著是食、衣、住這三個生活基本所需。因為我們享有的普世自由，一般美國家庭能在預算內買到來自世界各地、選擇最多元的各種食物。

住所：一般美國家庭都住得起舒適的公寓，有天然氣供暖、電力照明，有瓦斯可以煮飯。早餐吃的吐司是用平價烤吐司機烤的。公寓裡打掃用的吸塵器也是用電。廚房和浴室全天供應熱水與冷水。食物放在冰箱裡，冰箱也是插電使用。太太捲髮、洗衣服、烘乾衣服都是用容易操作的電器用品，只要把插頭插進牆上插座即可。先生用電動刮鬍刀刮鬍子。一家人如果想要，二十四小時都可以享受來自全世界各地的娛樂節目，只要打開電視或廣播即可。這間公寓裡還有其他各種讓生活便利的設備，但以上內容大概就能讓你了解我們在美國所享受的各種自由。

衣：在美國各地，對衣著需求一般的女性來說，一年一千八百美元[25]以下的預算就能穿得舒適好看，一般男性也差不多，花費甚至更少。

以上僅提到食衣住三個基本需求。一般美國公民只要付出合理努力，一天工作不需要超過八小時，還能享有其他好處。其中之一是交通運輸，用相較低廉的成本就能自由來去。

平均一般美國人能安心享有財產權，這是世界上其他國家所沒有的。人民可以安心將多餘的錢存入銀行，知道政府會保障他們的存款，如果銀行倒閉，政府也會提供賠償。如果美國人民想從一個州去到另一個州，不需要護照，也不需要取得任何人的准許。他們能依照個人意願自由來去。除此之外，只要經濟許可，他們還可以搭乘私人汽車、飛機、公車、火車或船。

創造美好事物的奇蹟

我們常聽到政治人物在爭取選票時讚揚美國的自由，但他們很少花時間或投入足夠的力氣去分析自由的源頭或本質。並非出自強烈的個人看法、不滿或別有用心，我有幸能單純分析這個神祕、抽象又被強烈誤解的「東西」，這個東西帶給所有美國人更多累積財富的幸運與機會、各式各樣的自由，這是世界上其他國家所沒有的。

25 已換算成現代等價幣值。

我之所以能分析這個看不見的力量之來源與本質，是因為超過二十五年來，我認識許多能組織這個力量的人，其中有不少人更負責維護這個力量的運作。

這個造福人類的神祕力量就是資本！

資本不只包含了錢，更包括高度組織的高知識團體，他們為了大眾利益與自己的個人利益，規劃如何有效運用這些金錢。

這些組織成員有科學家、教育者、化學家、發明家、企業分析師、廣告公司高層、交通運輸專家、會計師、律師、醫生，以及各個領域具備高度專業知識的人士。他們率先投入、實驗，並在新的領域開疆闢地。他們支持大學、醫院、公立學校；他們建造道路、發行報紙、營運電視與廣播公司，他們支付政府大部分的成本，負責處理人類進步所需的各種重要工作。簡單來說，資本家是文明的大腦，因為他們提供了所有教育、啟蒙、人類進步的一切所需。

沒有頭腦的金錢永遠很危險。若能適當使用，則能成為文明最重要的一部分。

想要知道組織化之資本的重要性，可以想像你在沒有資本的協助下，要如何取得一個家庭享用的簡單早餐。

要喝茶，你必須去一趟中國或印度，距離美國都非常遙遠。除非你是游泳高手，不然還沒回來就累到不行了。而且就算你有足夠的體力能游過大海，你要用什麼來代替金錢進行交易？

要吃糖，你必須長途跋涉到猶他州的甜菜區，或到路易斯安那州或德州一趟。就算成功抵達，你可能還是無法帶著糖回來，因為製造糖需要組織的力量與成本，更不用說還要把糖精煉、運送到美國任何一個家庭的餐桌上。

至於蛋的話，很容易從距離城市不遠的鄉村小農場取得，但必須走很遠的路往返佛羅里達州，才能做出四杯柳橙汁。你也必須長途跋涉到堪薩斯州或其他產小麥的州，才能得到四片小麥麵包。

早餐穀片則必須從菜單中刪除，因為要有一群受過訓練的勞工，還有合適的機器，才能生產出穀片，這一切都需要資本。

休息的時候，你可以再游泳到南美洲，採幾根香蕉，回程時再走一小段路到最近的乳牛場帶點牛奶（說不定還可以帶些奶油，因為你沒辦法取得人造奶油，人造奶油和穀片一樣，需要資本運作才能生產出來。）然後你們一家人就能坐下來享用早餐了。

聽起來很荒謬吧？如果沒有資本體系，要將簡單的早餐食材送到住在市中心家庭的餐桌上，也只有上述方式可以做得到了。

建造、維護鐵路、船隻、貨車等用來運送這一道簡單早餐所需的花費如此龐大，令人難以想像。需要投入幾十億美元，更不用說還有那一大批受過訓練的員工，需要他們操作船隻、貨車和火車。但資本美國的現代文明運作中，交通運輸只是其中一個必要環節。要運送任何東西之前，必須先從土裡種植出作物，從工廠裡生產出商品，並準備好販售到市場上。此外，還需要再投入幾十億美元採購設備、機器、裝箱、行銷、支付幾百萬人的工資。

船資、鐵路、航空、貨車運輸網絡並不會無中生有就開始運作，這些需要有想像力、信念、熱情、決策、堅持不懈的人，透過他們的勞動創造力及組織能力，才有辦法達成！這些人就是資本家，他們受到渴望驅動，建造並實現目標，提供有用的服務，賺取收益並累積財富。沒有他們提供的服務，就不會有人類文明，他們也為自己創造了龐大財富。

這裡想澄清一下，我要補充說明這些資本家就是我們常常聽到街頭演說者會談到的同一批人。那些極端份子、騙子、不誠實的政客和玩弄權力的勞工領袖口中所說的「掠奪利益」、「華爾街」、「大企業」，也是同一批人。

我沒有要為任何團體或經濟體系辯駁。我提到「玩弄權力的勞工領袖」時，不是要譴責集體談判，我也沒有要為所有資本家或企業家掛保證。

這本書的目的（我花了超過四分之一個世紀全心投入的目的），是要將最可靠的累積財富之道，分享給想要知道的人，無論他們想要累積多少財富。

我分析資本體系的經濟優勢，有兩個目的：

❶ 所有想要致富的人一定要了解並調整自己適應這個體系，無論金額大小，這個體系控制了所有通往財富的方法。

❷ 要呈現與政治人物及政客相反的看法，政治人物與政客故意將組織資本或自由企業描繪成有害的存在，藉此混淆視聽。

這是一個自由企業、資本的國家。這是透過使用資本發展而來，認為自己有權享受自由與機會的好處、想要累積財富的所有人都應該知道，如果沒有「組織資本」提供這些好處，那就不會有財富，也不會有機會存在。

累積合法財富的可靠方法只有一個，那就是透過提供有用的服務。世上沒有任何系統可以讓人只是透過大量集結，或在沒有提供同等價值服務或商品的情況下，合法取得財富。

你的致富機會已經俱足

美國提供了所有正直的人致富的自由與機會。我們去打獵的時候，會選擇獵物很多的場地，追求財富也是同樣的道理。

請特別記住，在商品與個人服務的交易過程中，能找到非常多累積財富的機會。在這裡，美國式的自由能助你一臂之力。沒有人能阻止你或其他人投入開展這些企業的必要努力。如果你有不凡的才華、訓練或經驗，就能累積大量財富。沒有那麼幸運的人，累積的財富金額或許較少。但任何人投入勞力後，都能藉此謀生。

所以就是這樣！

機會已向你展示所有的一切。站出來選擇你想要的，擬定計畫，將計畫付諸實踐，然後堅持不懈地完成計畫。剩下的就靠「資本」美國完成。你可以相信——資本美國給了每個人機會，提供有用的服務，每個人都能依照提供服務的價值換取等比的財富。

這個「系統」提供所有人這個權利，但不會讓人「享受白吃的午餐」，因為這個系統由經濟學法則所控制，沒有轉圜餘地，經濟學法則不認可也不會容忍「不勞而獲」的行為。

這些觀察不是根據短期的經驗，而是二十五年來仔細分析美國最成功人士採用的方法。這些足智多謀、努力又能聰明思考的人，代表了美國自由企業和美式生活。他們具備的特質幫助美國度過了經濟大蕭條，並再度繁榮，其中一項特質就是明確的決定，掌握這點就是掌握了致富法則7。

第7章

決定
克服拖延症

致富法則7

仔細分析數千位曾經失敗者的經驗，發現無法做決定這一點在失敗的三十個主要原因中名列前茅（第六章）。這不只是理論而是事實。

做決定的相反是拖延，拖延幾乎是每個人都必須克服的敵人。

讀完本書後，你將能測試自己是否能做出快速且明確的決定，並準備好將書中的原則付諸實踐。

分析財富累積超過百萬美元的數百人，結果發現每個人都習慣快速做出決定，如果需要改變決定的話，改變的速度則很慢。**無法累積財富的人，習慣很慢才下決定，並且會很快也很常改變這些決定。**

亨利．福特最重要的特點就是能快速明確地做決定，而且不急著改變做出的決定。這個特點甚至讓福特先生招致固執的名聲，也促使福特先生繼續生產他出名的 T 型車（世界上最醜的車），當時他所有顧問和許多購買這款車的客戶都一直要他對這臺車進行修改。

說不定福特先生是拖了太久才修改，但另一個說法是，福特先生對此決定的堅持，已經為他帶來大筆財富，後來才又必須對此款車進行修改。無庸置疑，福特先生決策明確的習慣也讓他變得固執，但還是勝過決策慢又輕易改變的特質。

做決定前把嘴閉上

大多數無法累積足夠財富的人，一般而言都很容易受到他人意見影響。他們讓報紙和「愛說閒話」的鄰居幫他們思考，意見是這世上最廉價的商品，每個人都有滿腹意見，隨時準備強加在任何願意接受的人身上。**如果你在做決定時受到他人意見左右，你做任何事都不會成功，更不可能將你的渴望轉化為金錢。**

如果你太容易受到他人意見影響，你就不會有自己的渴望。

當你開始將這本書中的原則付諸實行時，不要告訴別人，自己做決定並貫徹實行。除了你的智囊團之外，不要把計畫告訴其他人，在選擇智囊團成員時，要確保你只選擇那些完全贊同並與你目標一致的人。

親近的親友雖說是無心，卻往往透過他們的意見或自以為幽默的嘲諷，破壞了你的計畫。因為好意卻無知的人意見或嘲諷，摧毀了當事人的信心，導致許多人一輩子都懷著自卑心理。

你有自己的想法和理智判斷，運用這些來為自己做決定。很多時候，你需要其他人提供資訊幫助你做出決定，在這樣的情況下，低調地取得你所需的資訊，不要揭露你的目的。

肚子裡沒料的人，往往想要創造出他們知道很多的假象，這種人通常說得太多，聽得太少。如果你想要建立快速做決定的習慣，就把眼睛睜亮、耳朵張大、嘴巴閉緊。那些說得多的人，做得很少。如果你說的比聽的多，不僅會失去許多累積實用知識的機會，還向他人揭露了你的計畫和目的，其他人會很高興有機會打擊你，因為他們嫉妒你。

也請記得，你每次在知識淵博的人面前開口時，就是向這個人展示你確切知道的有多少，或你不知道的到底有多少！真正的智慧通常是透過謙遜及沉默所展現的。

切記，你所來往的每個人都像你一樣，大家都在找尋致富的機會。如果你隨意談論你的計畫，可能到最後會驚訝地發現，有人搶先一步執行並達成了你先前分享的計畫。

你首先要做的決定之一，就是閉上嘴，張開眼睛和耳朵。

為了遵循這個建議，可以把下面這句警語寫下來，放在每天都看得到的地方：

「**告訴全世界你決心要做的事，但先展示你的決心。**」

這就等於在說：「行動勝於空談。」

一個關乎自由或死亡的決定

決定的價值，在於能做出決定的勇氣。人類文明的基礎在於那些了不起的決定，而做出這些決定時，都冒了極大風險，往往還可能有死亡的風險。

林肯著名的「解放黑奴宣言」，讓美國的奴隸獲得自由，他當初發表這個宣言時清楚了解，這會導致許多朋友及政治支持者轉而反對他。他也知道，一旦執行這個宣言，無數士兵可能會戰死沙場。最終，林肯連自己的命也丟了。這一切都需要勇氣。

蘇格拉底決定喝下毒酒，而不願讓個人信念妥協，這也是有勇氣的決定。他讓時間超前，讓還沒出生的人享受思想與言論自由的權利。

羅伯特．李將軍（Gen. Robert E. Lee）在脫離聯邦、加入南方聯盟國時，也是一個需要勇氣的決定，因為他清楚了解自己以及許多的其他人都可能因此喪命。

對所有美國公民來說，史上最了不起的決定出現在一七七六年七月四日的費城，當時有五十六個人在一份文件上簽下自己的名字，他們都清楚知道簽下這份文件或許能讓所有美國人獲得自由，也可能讓他們都上絞刑臺！

你聽過這份著名的文件，但可能沒從這份文件中學到關於個人成就淺白又重要的一課。

我們都記得這個重大決定的日子，但很少人記得做出這個決定所需要的勇氣。我們記得學校教的歷史，戰爭的日期和起身對抗者的名字；我們記得福吉谷和約克鎮，記得喬治·華盛頓和康沃利斯侯爵。但我們不太清楚影響這些人名、日期、地點背後真正的力量。我們更不知道早在華盛頓的軍隊抵達約克鎮之前，就已經確保我們能獲得自由的無形力量。

美國革命成功並非一個人的功勞

我們讀美國革命的歷史，誤以為喬治·華盛頓是美國國父，為我們贏得了自由，但事實上華盛頓只是助了一臂之力，因為早在康沃利斯侯爵投降之前，華盛頓的軍隊就已經勝券在握。這樣說並不是要剝奪華盛頓的功績與美名，只是要將焦點放在那股不可思議的力量，那才是華盛頓贏得勝利的真正原因。

歷史學家遺漏了一大段細節，這真是一場悲劇，他們完全沒有提到那股無法抗拒的力量，塑造了一個國家，給予其自由，而這個國家也為世界上所有人設立了全新的獨立標準。我之所以稱之為悲劇，是因為那些克服了人生種種困難，向人生討價還價的人，他們運用的也是同樣這股力量。

現在來簡短檢視醞釀出這股力量的事件。故事源於一七七〇年三月五日的波士頓，英國士兵正在路上巡邏，他們的存在就是對民眾的一種公開威脅。殖民地人民很厭惡生活周遭的武裝士兵，開始公開表示其厭惡，對著行軍的士兵丟石頭、辱罵，終於有一天指揮官下令：「上刺刀——攻擊！」

衝突一觸即發，造成許多人傷亡。這起事件引發了人民的憎恨，大陸議會（由當時重要的殖民者組成）因而召開了會議，決定要採取明確行動。議會的其中兩位成員是約翰．漢考克（John Hancock）和山繆．亞當斯（Samuel Adams）——願兩位芳名永流傳！他們勇敢站出來發表，宣告必須採取行動，將所有英國士兵趕出波士頓。

記住，這兩人的決定恰恰能被稱為是現在美國人享有自由的開始。也請記得，這兩人的決定需要信念與勇氣，因為這是一件很危險的事。

就在議會休會前，山繆．亞當斯被指派去拜訪麻薩諸塞總督湯瑪斯．哈欽森（Thomas Hutchinson），要求英軍撤出。

最後獲得同意，英軍從波士頓撤出，但這起事件並未落幕。這個事件進一步爆發，最終改變了文明的趨勢。是不是很奇怪，像美國革命及第一次世界大戰這樣巨大的變化，往往卻源於看似不重要的事件。觀察一下會發現，有趣的是，這些重要變化通常都始於少數人心中的明確決定。很少人真的對美國歷史有足夠了解，他們不知道約翰・漢考克、山繆・亞當斯、理查・亨利・李（Richard Henry Lee，來自維吉尼亞省）才是美國真正的國父。

理查・亨利・李在這個故事中扮演很重要的角色，因為他和山繆・亞當斯常常通信討論，直言不諱地分享他們對於人民福祉的恐懼與期待。在交流的過程中，亞當斯萌生一個想法，他想到十三個殖民地相互通信，或許可以就這個問題找到一起協調行動的解決方案。一七七二年三月，在波士頓發生與士兵衝突事件的兩年後，亞當斯向大會提議，殖民地共同成立一個通信委員會，每個殖民地都有明確指派的通信員，「目的是透過友善合作，讓英屬美國殖民地變得更好。」

記住這個事件！這股影響廣泛的力量，最終為美國帶來了自由。智囊團早已組織好，包括亞當斯、李、漢考克。（一如〈馬太福音〉第十八章十九節寫道：「我又告訴你們、若是你們中間有兩個人在地上、同心合意的求甚麼事、我在天上的父、必為他們成全。」）

通信委員會成立了，這個行動將殖民地的所有人民都納入，進一步為智囊團擴充力量。而且這個過程是不滿被殖民者第一次進行組織規劃。團結就是力量！殖民地的人民陸續鬆散地對英軍開戰，像是波士頓暴動等事件，但一直沒什麼有效的進展。他們各自的不滿還沒有整合起來，沒有任何團體將他們的身心靈都組織起來，做出一個明確的決定，一勞永逸地解決與英國的問題——直到亞當斯、漢考克、李聚在一起。

同時，英國也沒有閒著。他們也組織了自己的「智囊團」，他們的優勢是擁有資金和組織化的軍隊支撐。

賭上性命的祕密會議

英國國王換掉哈欽森，派了准將湯瑪斯．蓋吉（Thomas Gage）擔任新的麻薩諸塞總督。新任總督做的第一件事就是派使者拜訪山繆．亞當斯，目的就是希望他不要再因恐懼而持反對立場。

要真正了解當時情況，最好就是引述芬頓中校（蓋吉指派的使者）和亞當斯之間的對話。

芬頓中校：「蓋吉總督授權我向您保證，亞當斯先生，總督經批准授予您滿意的條件，只要您停止反對政府的措施。總督建議您不要進一步招惹致君王不悅。您的行為已觸犯亨利八世法令，任何人經省總督決定，將可被送至英格蘭接受叛國罪或包庇叛國罪[26]的審判。但您若能改變政治立場，不僅能獲得個人好處，也能與國王和解。」

山繆．亞當斯有兩種選擇，他可以停止反對，獲得個人好處，或者可以繼續下去，並冒著被處絞刑的風險！

顯然，亞當斯被迫立刻做出決定，而這個決定很可能會讓他喪命。絕大多數的人都很難做出這樣的決定。大多數人都會給一個含糊其辭的回覆，但亞當斯沒有這樣做！他要求芬頓中校發誓會將回覆一字不差地傳達給總督。

亞當斯的回答如下：「請您回覆蓋吉總督，我相信我很早之前就已經與神和解。沒有任何個人因素能讓我拋棄我的國家所追求之最正當的目標。請告訴蓋吉總督，以下是山繆．亞當斯

---

26 「包庇叛國罪」（Misprison）指的是任何濫用職權，或沒有積極參與犯罪行為者，未能防止或向當局通報該犯罪行為。

的建議，不要再羞辱一群受到激怒的人民。」

蓋吉總督收到亞當斯譏諷的回覆後震怒，宣告：「我在此以國王之名，承諾饒恕所有放下武器並回歸順從子民者，唯有山繆．亞當斯和約翰．漢考克除外，此兩人之罪行極其可鄙，必須受到應有的懲罰。」

簡單地說，亞當斯和漢考克都被迫攤牌。總督震怒之下發出的威脅，也迫使兩人做出另一個同樣危險的決定，他們緊急向最忠誠的追隨者召開祕密會議（智囊團此時開始加速成形）。會議開始後，亞當斯將門上鎖，把鑰匙放進口袋，告訴所有與會者現在必須組織一個殖民地居民議會，在做出關於此議會的決定前，所有人都不能離開這個房間。

接下來刺激的事發生了。有些人考量到如此極端行為可能導致的後果（恐懼），有些人則嚴正懷疑反抗君主的決定是否為明智之舉。在上鎖的房間裡，有兩個人無所畏懼，對可能失敗也視而不見，那就是漢考克與亞當斯。在兩人的影響下，其他人都同意在通信委員會的安排下，在一七七四年九月五日於費城召開第一屆大陸會議。

記住這個日期，這比一七七六年七月四日還重要。如果當初沒有決定召開大陸會議，後來也不可能簽署獨立宣言。

在大會首次會議召開前，美國另一區的領袖因為發表了《英屬美國權利之概要說明》（*Summary View of the Rights of British America*）而深陷麻煩中。這個人就是維吉尼亞省的湯瑪斯．傑佛遜（Thomas Jefferson），他當時與鄧摩爾勳爵（Lord Dunmore，時任維吉尼亞總督）關係緊繃，一如漢考克與亞當斯和其總督的關係。

他發表了著名的「權利之概要說明」不久後，因嚴重叛國罪而遭起訴。傑佛遜的一位同事派翠克．亨利（Patrick Henry）受此啟發，大膽說出他的想法，最後說出經典的一句話：「**如果這就是叛國，那就好好利用。**」

這些沒有力量、權力、沒有武力也沒有錢的一群人，嚴肅地思考著殖民地的未來，從第一屆大陸會議開始行動，持續了兩年，一直到一七七六年六月七日，當時理查．亨利．李起身向主席表示，並對著驚恐的成員提出動議：

「各位，我提議聯合殖民地是自由獨立的國家，也應成為自由獨立的國家，應解除與英國的聯繫，殖民地與大英帝國所有政治聯繫應徹底解除。」

「獨立宣言」的誕生也蘊含致富法則

在成員針對李的動議進行投票之前，李因為家人重病必須回到維吉尼亞，但在離開之前，他將重任交給友人湯瑪斯．傑佛遜，傑佛遜誓言將持續爭取，直到眾人採取行動。不久後，會議主席漢考克指派傑佛遜擔任一個委員會的主席，起草「獨立宣言」。

委員會投注許多時間與精力在這份宣言上，當大陸會議透過時，也代表萬一殖民地敗給英國，「所有簽署者也簽下了自己的死刑執行令」。

文件起草後，六月二十八日在大陸會議上宣讀正本。接下來好幾天，成員討論、修改文件內容，直到完成。一七七六年七月四日，湯瑪斯・傑佛遜站在大會前，無所畏懼地宣讀一份最重要的決定。

「在有關人類事務的發展過程中，當一個民族必須解除其和另一個民族之間的政治聯繫，並在世界各國之間依照自然法則和上帝的意旨，接受獨立和平等的地位時，出於對人類輿論的尊重，必須將他們不得不獨立的原因予以宣布。」

傑佛遜宣讀後，眾人進行投票，同意並由五十六位代表簽署，每位代表在簽下名字時，都為這個決定賭上了性命。這個決定催生了一個國家，而這個國家將會為其人民帶來自主做決定的永久權利。

唯有透過以類似精神所做出的決定，才能解決個人問題，為個人贏得更多的物質與精神財富。不要忘記這一點！

分析在宣誓獨立宣言前所發生的事件，可以相信在全世界占有舉足輕重地位與權力的美國，當初是由五十六個人組成的智囊團的決定所催生。請注意，正是他們的決定，才促成了華盛頓帶領軍隊獲得勝利，因為所有和華盛頓一同奮戰的士兵心中都懷著這個決定的精神。這是一股不服輸的精神。

也請記得（這點會為個人帶來許多好處）給予美國自由的這股力量，亦是所有能自主做決定的人必須使用的力量，這股力量是由書中提及的十三個法則組成。在「獨立宣言」的故事中，不難發現至少其中六個原則：**渴望**、**決定**、**信念**、**堅持**、**智囊團**、**組織規劃**。

優柔寡斷只能過別人替你規劃好的人生

在這個道理中會發現，有強烈渴望支撐的想法，有機會能轉化為等同的實體。在繼續之前，我想告訴各位，你們在這個故事以及美國鋼鐵公司創立的故事中，會找到關於思想創造驚人轉變的方法。

你在尋找這個方法的祕訣時，不要尋找奇蹟，因為你找不到。你只會找到大自然永恆不變的法則，這些法則所有人都能取得，只要有使用它們的信念和勇氣。它們能讓一個國家獲得自由，也能累積財富，或達成任何其他值得追求的目標。這些法則不用錢，只需投入必要的時間去了解並使用它們。

能快速、明確做出決定的人知道自己想要什麼，通常也能達標。各行各業的領袖都能快速堅定做出決定，這也是他們能成為領導者的主要原因。**那些能透過言語行動，展示自己知道目標方向的人，往往能在這個世界找到屬於自己的一席之地**。

優柔寡斷的習慣往往始於年少時期。隨著少年沒有明確目標地讀完小學、中學、大學，這個習慣也會變得根深柢固。教育系統最大的缺點就是，沒有教導也沒有鼓勵學生培養出做明確決定的習慣。

優柔寡斷的習慣會跟著學生一路到他們選擇的職業——如果他們有主動選擇的話。一般來說，剛出學校的年輕人找到什麼工作就做什麼，因為他們習慣了優柔寡斷。一百個人之中，有九十八個受薪階級的人做著目前的工作，因為他們沒有明確決定要規劃一個明確職位，也不知道該如何選擇雇主。

明確決定向來需要勇氣。有時要非常大的勇氣，簽署獨立宣言的五十六個人，賭上性命決定在那份文件上署名。而做出明確決定要獲得特定工作，並勇於向人生討價還價的人，賭上的並非性命，而是經濟上的自由。那些忽視或拒絕期待、規劃、要求財務獨立、財富、令人嚮往的事業和專業工作的人，不可能達到這些目標。一如山繆·亞當斯渴望殖民地能獲得自由的精神，渴望財富的人一定能累積財富。

第8章

堅持

生出信念所必要的持續努力

致富法則8

堅持是將渴望轉化為對等金錢的過程中很關鍵的要素，堅持的基礎在於意志力。當意志力和渴望適當結合，將所向無敵。累積龐大財富的人通常被認為冷血，有時候也很無情，但這常常是個誤會。他們將意志力與堅持結合，搭配上渴望，確保能達成目標。

亨利．福特通常被誤認為無情冷血，這個誤解來自於福特習慣堅持執行完所有的計畫。

絕大多數人一看到阻礙或不幸，就準備好要拋棄目標，只有少數人儘管遭遇阻礙仍持續往前直，到達成目標。這些少數人包括福特、卡內基、洛克斐勒、愛迪生和世界上其他達成了不起成就的人。

堅持一詞聽起來可能一點也不英勇，但堅持對一個人來說，就像碳之於鋼。

累積財富的過程中，通常會用到思考致富的十三個法則。想要累積財富的人，一定要了解這些原則並堅持貫徹執行。

用強烈渴望克服無法堅持的弱點

如果你想運用本書的知識，你的第一個堅持度測試，就是你能否做到第一章提到的六個行動步驟。除非你是那百分之二的人，早就有一個明確目標和達成目標的明確計畫，那你大可讀完指示後繼續做你的，不用遵循這些指示。

以上請你自我評估，因為無法堅持是失敗的主要原因。此外，根據幾千人的經驗證明，無法堅持也是絕大多數人共同的弱點。這個弱點可以透過努力克服。能否輕易克服無法堅持的弱點，完全要看一個人渴望的強烈程度。

渴望是所有成就的起點，請一直記著這句話。不夠強烈的渴望只會得到不怎麼樣的結果，就像一小團火只能產生一點點的熱度。如果你發現自己無法堅持，可以藉由創造更強大的渴望來修正這個弱點。

讀完這章，請回到第一章立刻執行六個行動步驟的指示。你有多熱切想要照著這些指示做，就說明了你真正渴望累積財富的程度。如果你發現自己毫不在乎，那就知道你還沒有達到「金錢意識」，這是你要累積財富之前一定要先具備的態度。

財富會被準備好「吸引」金錢的人所吸引，就像水會往大海流是一樣的道理。本書中有各種必要的刺激，能「校正」一般思維的人去感受「思想振動」，而「思想振動」則能吸引一個人所渴望的目標。

如果你發現自己很難堅持下去，請將注意力放在智囊團的力量。讓自己的身旁圍繞著智囊團，透過智囊團成員的配合幫助，你就能培養出堅持的毅力。在提到自我暗示和潛意識的章節也可以找到培養堅持毅力的指示說明。照著這些說明做，直到你「習慣」將渴望的明確目標交給你的潛意識，而潛意識會在你醒著和睡著時持續工作。到了這個階段，你就不會再因為無法堅持而受到阻撓了。

堅持的報酬豐碩

偶一為之、有一搭沒一搭地運用這些規則，對你來說沒有價值。要得到成效，你一定要採用所有原則，直到這件事變成你固定的習慣。沒有其他方式可以培養出這必要的金錢意識。

貧窮會受到容易陷入貧窮思考的人所吸引，同樣的道理，財富則會受到已經特意準備好要迎接財富的人所吸引。貧窮意識會自動填補那些腦袋中沒有金錢意識的人。**貧窮意識不需要建立有利其發展的習慣，即可培養出來，金錢意識則必須刻意培養，除非這個人天生就有這樣的意識。**

徹底了解前一段內容的重要性，你會知道堅持對於累積財富有多重要。如果沒有堅持的毅力，你還沒開始就被擊潰了。有了堅持，你就能獲勝。

如果你做過惡夢，就會知道堅持的價值。你躺在床上半夢半醒，感覺快要窒息了，沒辦法翻身或移動。你知道一定要開始重新獲得掌控肌肉的能力，透過意志力，你終於能移動手指頭。藉由持續移動手指頭，你繼續拓展去控制手臂肌肉，直到舉起手臂。你透過同樣的方式重新控制另一隻手臂，再來是一條腿的肌肉，然後延續到另一條腿。然後在意志力最強大的努力下，你重新掌控全身肌肉，一步一步扭轉局面，擺脫惡夢。

你也需要透過類似的步驟擺脫心理慣性，先慢慢開始，接著加速，直到你能完全控制意志。不管一開始動得多慢都要堅持下去，只要堅持就會成功。

如果你仔細挑選智囊團成員，至少可以找到一個人幫助你培養堅持的毅力。

有些累積鉅富的人這樣做是出自必需。他們培養出堅持的毅力，是因為受到情況驅使而不得不堅持。堅持沒有替代品！無法被任何其他特質所取代！記住這句話，當一開始一切都看起來如此困難又緩慢時，便能獲得激勵。

培養出堅持習慣的人更能避開失敗的風險。不管遭遇多少次挫敗，最終還是能爬到頂端。有時候，感覺有個隱藏的嚮導透過各種令人喪氣的經驗去測試他們。那些遭遇挫敗之後又站起來且持續嘗試的人，最終會贏得勝利，而世界會大聲說：「太棒了！我就知道你做得到！」隱藏的嚮導不會讓任何沒有經過堅持測試的人享受豐碩的成就。無法透過測試的人，也無法有所成就。

透過接受測試的人，會因為堅持而獲得豐碩的報酬，報酬就是他們追求的目標。而且不只如此！他們還會得到比物質報酬更重要幾百倍的東西：**伴隨失敗而來的是具有同等好處的種子**。

通過名為「挫敗」的測試

這個規則也有例外，有些人是從經驗中了解堅持是明智之舉。對他們來說，挫敗都只是暫時的，他們堅持實踐渴望，最終挫敗逆轉為勝利。我們看過絕大多數人因挫敗倒下，再也沒爬起來過，也看過少數人把挫敗視為更努力的驅動力，幸好，這些人從來都不接受人生的「倒退檔」。但我們沒看到、大部分人也沒想過的是，存在一股沉默卻無法抗拒的力量，能解救那些正力抗挫敗的人。講到這股力量，就稱為毅力好了，我們知道，如果沒有堅持的毅力，就不可能在任何領域達成顯著成就。

我寫下這幾句話後，抬頭看到距離不到一個街區就是紐約偉大神祕的百老匯，這是「希望的墳墓」、「通往機會的前陽臺」。世界各地的人來到百老匯，追尋名望、財富、權勢、愛情或任何人類稱為成功的事物，但一陣子就會有人從追尋者的隊伍中離開，然後另一個人征服了百老匯。但是百老匯並不是這麼容易又快速就能被征服的，唯有拒絕放棄，有才華、有天賦的人才會被看見，並獲得金錢的報酬。

要征服百老匯的祕密一定和堅持脫不了關係！范妮．赫斯特[27]因為堅持而征服了百老匯，在她的奮鬥故事中就能找到這個祕密。她在一九一五年來到紐約，想靠著寫作致富，雖然沒有一夕致富，最終還是成功了。有四年的時間，赫斯特小姐親身體驗了紐約的生活，白天努力工作，晚上則追逐夢想。當希望逐漸渺茫，她並沒有說：「好吧，百老匯，你贏了！」她說的是：「好的，百老匯，你可能可以擊潰一些人，但無法將我擊敗。我要讓你放棄。」

《週六晚郵報》拒絕了她三十六次，最終她才打破僵局，成功刊登了一篇故事。一般作家，就如其他行業的「一般人」，第一次收到拒絕信就會放棄。有四年的時間，她忍受出版社的拒絕，一同時一邊工作，因為她決心要成功。

一切的努力沒有白費。魔咒解除，看不見的嚮導測試了范妮．赫斯特，而赫斯特也成功透

27　Fannie Hurst，美國小說家、劇作家及編劇。寫作內容和讀者都是關於職業婦女。她的許多作品被翻拍成電影，包括《後巷》（*Back Street*）和《春風秋雨》（*Imitation of Life*）等。

過測試。後來，出版社爭相邀約，錢來得如此之快，她根本沒時間算到底賺了多少。後來電影界的人發現她，赫斯特開始賺進大筆大筆的錢。她的小說《誰能笑到最後》（*Great Laughter*）的電影版權賺進十萬美元，這在當時是出版前賣出版權金額最高的小說，賣書的版稅又為她帶來更多的財富。

從這個故事可以看到堅持能達成的成就，范妮．赫斯特並非特例。對於累積龐大財富的人，可以確定的是他們先培養了堅持的毅力。任何來到百老匯的人都可以勉強度日，但想要在人生下重注的人，一定要堅持下去。

要是凱特．史密斯[28]讀到這段話一定會說：「阿門」。有許多年，她沒有錢，也沒有工作，只要有麥克風的地方她就開口唱。百老匯對她說：「來呀，妳敢試就來。」她真的試了，直到有一天，百老匯累了並對她說：「算你厲害，開個價，然後好好認真去工作。」史密斯小姐也真的喊價了！她開的價格相當高，她工作一週的薪水就遠超過大部分的人一整年能賺的錢。

堅持下去真的會有收穫！

以下這段相當重要：有許多比凱特．史密斯歌唱技巧更好的歌手，在百老匯來來去去，就等一個「機會」，卻始終等不到。很多人唱得好，卻沒法成功，因為他們沒有勇氣堅持到百老匯累得沒法拒絕他們的那一天。

堅持是一種心態，能夠被培養出來。就像所有其他的心態，堅持是基於明確的目標，我稱為：

28 美國著名歌手、主持人。在二戰期間以音樂和演出為美國士兵和民眾提供了極大的鼓舞，被認為是美國愛國精神的象徵。美國音樂和娛樂歷史上的重要人物。

堅持的八個要點

❶ **明確的目標**。知道自己想要什麼是培養堅持的首要因素，或許也是最重要的一步。一個強而有力的動機，能驅策一個人克服許多困難。

❷ **渴望**。如果你對追求的目標懷有強烈渴望，相較之下就比較容易培養並維持堅持的毅力。

❸ **自力更生**。相信自己有能力執行計畫，這樣的心態能鼓勵人堅持貫徹計畫。（講自我暗示的章節提到的原則，能夠培養一個人自力更生的能力。）

❹ **明確的計畫**。經過組織規劃擬定的計畫，就算不夠好、完全不實際，也能協助培養堅持的毅力。

❺ **正確的知識**。根據個人經驗或觀察，知道自己的計畫周全，有助於培養堅持的態度。不知道而用猜測的，則會摧毀堅持。

❻ **合作**。他人的認同、理解、友好配合，都有助於培養堅持。

❼ **意志力**。將思緒專注在擬定計畫，達成一個明確的目標，培養這種習慣有助於堅持下去。

❽ **習慣**。堅持是習慣的直接結果，人的心智會吸收日常經驗，成為自己的一部分。恐懼是堅持最可怕的敵人，只要你重複勇敢的行為，就能有效解除恐懼。任何見過戰場上奮勇殺敵的人都知道這一點。

在結束堅持這個主題之前，檢視一下自己，弄清楚在堅持這個重要特質上還欠缺了哪些？在堅持的八個要素中，勇敢逐一評估自己，看看還缺了什麼？分析完你會有新發現，幫助你重拾對自我的掌控。

無法堅持的十六個症狀

你將會看到擋在你和顯著成就中間的真正敵人。你不僅會看到堅持不足會出現的十六個症狀，也可以了解一個人無法堅持下去背後深層的潛意識原因。如果你真的想認識自己和能力，就仔細研讀這份清單，坦誠面對自己。所有要累積財富的人，都需改正以下十六個缺點。

❶ 不知道也無法明確定義自己確切想要的目標。

❷ 拖延，無論有沒有原因。（通常會有一大串辯解與藉口。）

❸ 沒有興趣學習專業知識。

❹ 優柔寡斷，在所有情況中都不願負起責任，而不是直球面對問題。（同樣也會有各種辯解。）

❺ 習慣辯解而非擬定明確計畫解決問題。

❻ 自我滿足。這個問題沒有什麼補救方法，深陷其中的人也沒有什麼希望可言。

❼ 漠不關心。通常會反映在一個人碰到任何情況都隨時準備好妥協，而不是去反抗爭取。

❽ 自己犯了錯卻習慣怪罪別人，對於不利的情況總是接受，認為這樣的情況難以預防。

❾ 渴望不強烈，這是在選擇動機時的疏忽所造成。

❿ 一遭遇挫敗就願意，甚至很想要放棄。（這和「六個基本恐懼」中，其中一個或多個恐懼有關。）

⓫ 沒有組織規劃的計畫，沒有用白紙黑字寫下以便被好好分析。

⓬ 習慣忽視改變想法，或抓住眼前的機會。

⓭ 許願而不是決心達成。

⓮ 習慣與貧窮妥協，而不是把目標放在致富上。基本上沒有成為什麼、去執行什麼、去擁有什麼的企圖心。

⓯ 尋找各種致富的捷徑，想要不勞而獲，通常可以反映在一個人好賭或想要「激烈」地討價還價的行為上。

⓰ 害怕遭受批評，會導致一個人因為他人想法、行為、言語，而無法擬定計畫並付諸實行。這個敵人應該列在這份清單的最前面，因為這樣的缺陷通常存在一個人的潛意識中，不太容易被發現。（請見六個基本恐懼。）

我們來檢視一下第十六點「害怕批評」的一些症狀。絕大多數人會讓親友和大眾影響自己，導致因為怕被批評而無法過自己的人生。

很多人步入錯誤的婚姻，依然堅持不離異，一輩子都在悲慘、不開心中度過，因為他們害怕如果結束婚姻會被批評。（有過這種經歷的人都知道，這樣的恐懼會摧毀一個人的企圖心、自立的能力和想要有所成就的渴望，造成的傷害難以修復。）許多人在離開學校後，忽視了再次接受教育的機會，因為他們怕被批評。

無論年紀長幼，無數人讓親戚以責任之名毀掉他們的人生，因為怕遭受批評。（負起責任，並不需要摧毀任何人的企圖心和用自己方式過生活的權利。）

大家不願意在事業上冒險，因為害怕如果失敗會被批評。在這類例子中，害怕遭受批評的恐懼大於想要成功的渴望。

太多人不願為自己設定高遠目標，甚至忘記去選擇職涯，因為怕被親友批評說：「目標不要訂得這麼高，大家會覺得你瘋了。」

安德魯・卡內基建議我花二十年的時間研究整理關於個人成就的人生哲理時，我一開始出現的想法就是害怕別人的批評。這個建議為我設立了一個目標，比我曾經想過的任何目標都還要高。**當下我腦中立刻出現各種辯解與藉口，這些都能追溯至天生對於批評的恐懼**。內心有個聲音告訴我：「你做不到。這個任務太龐大，需要太多時間。親戚們會怎麼想你？你要怎麼維生？沒有人整理過成功之道，你憑什麼覺得你可以做到？你以為你是誰，目標訂得這麼高？別忘記你出生平凡。你對於成功之道又有多少了解？大家會覺得你瘋了，而且他們也真的這樣認為。為什麼還沒有人做過這樣的事情？」

我腦中閃現過這些問題，好像整個世界突然都聚焦在我身上，目的就是要嘲諷我，讓我放棄執行卡內基建議的渴望。

我當時有個機會，可以在這個野心變得更大之前把它澆熄。後來，分析了幾千人之後，我發現許多想法流產，只有透過立即行動的明確計畫，才能給予這些想法重生的力量。要孕育一個想法的時機就是這個想法誕生的時候，這個想法存在的每一分每一秒，都更有機會存活下來。**害怕被批評是大部分想法被摧毀的主要原因，這些想法從來都沒有機會走到規劃與實踐的那一步**。

機運可以量身訂做

很多人以為物質上的成功是因為運氣好，當然有一點關係，但完全仰賴運氣的人幾乎都會失望，因為他們忽略了另一個重要的要素，這個要素一定要具備才可能成功。這個要素就是好運是可以創造出來的。

在經濟大蕭條時期，喜劇演員W. C. 費爾茲[29]失去了所有的財產，沒有收入、沒有工作，而他當時賴以為生的生計（歌舞雜耍表演）也變得過時了。不僅如此，他已年過六十，很多人到了這個年紀都覺得自己很老了。他非常想要東山再起，決定在一個新的領域（電影）無償工作。

29　W. C. Fields，年輕時是拋接雜技員，後來成為美國最偉大的喜劇演員之一。

除了原本的各種煩惱，他還跌倒弄傷了脖子。很多人遇到這樣的狀況都會放棄。但費爾茲還是堅持下去。他知道如果繼續做下去，遲早會遇到機會，他後來也真的得到機會，而且不是偶然得到的。

瑪麗·杜希爾[30]在大約六十歲時變得窮困落魄，沒錢也沒有工作。她同樣努力去尋求機會，也真的得到了。堅持為她在人生的下半場獲得了驚人成就，大部分的人早在這個年紀之前就失去了追求的企圖心。

艾迪·康托[31]在一九二九年股市大崩盤時賠掉了所有的錢，但他還擁有堅持與勇氣。帶著堅持與勇氣，還有一雙慧眼，他逼著自己回到一週能賺進一萬美元收入的日子！的確，如果一個人能堅持，不用其他特質也能混得很好。

任何人可以仰賴的唯一機會，就是自己創造的機會。而這些機會則是透過堅持而來，第一步則需要明確的目標。

檢視你遇到的前一百個人，問問他們人生中最想要什麼，其中有九十八個人都回答不出來。如果你再逼問他們，有些人會說安全，有些人會說金錢；也許少數幾個人會說快樂，其他人會說名望與權利；還有人會說社會地位、生活舒適、能唱歌、跳舞或寫作。但沒人能明確定義，也沒人能告訴你如何達到這些模糊願望的計畫。**許願無法致富**。只有在明確渴望支持下的明確計畫，搭配持續堅持不懈，才會致富。

30　Marie Dressler，一九三〇年代早期好萊塢最受歡迎的明星之一，於六十二歲時拿下奧斯卡最佳女主角。

31　Eddie Cantor，多方位藝人，從歌舞雜耍到諷刺模仿，從舞臺、廣播到電視都有他的身影。也是著名的廣播、綜藝主持人。

如何培養堅持的毅力

要培養堅持的毅力有四個簡單步驟。不需要很聰明，不需要受過教育，也不太需要時間或努力。這幾個必要步驟如下：

1. 由強烈渴望所支持的明確目的。
2. 一個明確的計畫，透過持續的行動貫徹。
3. 嚴正拒絕所有負面和令人喪氣的影響，包括親友、認識的人所給予的負面建議。
4. 和一個或更多人組成友善結盟，這些人會鼓勵你透過擬定計畫與設定目標來貫徹執行。

在任何行業要成功，這四個步驟都是必需品。思考致富十三個法則的目的，就是讓你可以把這四個步驟當作**習慣**一樣去執行。

這些步驟能讓你控制財務命運。

這些步驟能帶領你走向自由與獨立思考。

這些步驟能帶領你前往累積財富的道路，無論財富多寡。

這些步驟能引領你走向權力名望，變得舉世皆知。

這四個步驟能保證為你帶來好運。

這些步驟能讓夢想成真。

這些步驟還能征服恐懼、灰心喪志和漠不關心的態度。所有遵循這四個步驟的人都會得到驚人的報酬。能夠讓你自己決定人生，並大膽開價。

我無從得知，但我敢大膽的說，華勒斯．辛普森[32]對於某位男子的愛意不只是恰巧，也不是好運所造成，而是來自於強烈的渴望，和一路仔細尋找的結果。她的首要責任是愛。世界上最偉大的是什麼？耶穌稱之為愛——不是人為的規則、批評、痛苦、毀謗或「政治聯姻」——而是愛。

華勒斯．辛普森並非遇到了威爾斯王子，才知道她想要的是什麼，早在他們相遇前她就知道了。她尋愛兩次失敗後，還有勇氣繼續尋找。「你必須對自己忠實；正像有了白晝才有黑夜一樣，對自己忠實，才不會欺騙他人。」

她從默默無名一路向前走，是個緩慢、漸進、堅持的過程，但是她很確定！機會渺茫但她卻戰勝了。無論你怎麼看華勒斯．辛普森，或為愛放棄王位的國王，她都是實踐堅持的了不起例證，她能教導全世界自我決心的重要性。

那愛德華國王呢？我們從他在這個二十世紀最驚人的戲劇性事件中所扮演的角色，能學到什麼呢？他為所愛的女人付出的代價，是否太過沉重？

32 Wallis Simpson，曾離婚兩次，之後遇到溫莎公爵愛德華放棄王位和她結婚，這兩人的故事仍是二十世紀的經典愛情故事。當時愛德華才登基成為英國國王九個月，他宣布想要迎娶華勒斯．辛普森時，遭到英國傳統派和英格蘭教會反對，引爆政府危機。愛德華最後宣布退位。繼位的喬治六世拒絕給華勒絲溫莎公爵夫人頭銜。

只有他能回答這個問題，其他人只能猜測。我們只知道，國王誕生在這世上時，沒有人徵得他的同意。他生來就享有龐大資產，無需追尋。他在婚姻上也受到各方追求，歐洲各地的政客和政治家把繼承大把遺產的貴族遺孀和公主送上門。由於身為長子，他繼承了不是自己追求來的、說不定他也不想要的王位。四十年來，他既非自由之身，沒辦法用自己的方式生活，也沒有隱私，在繼承王位時，也要承擔加諸在他身上的責任。

有些人會說：「有這麼多的祝福，愛德華國王應該要生活得平靜、知足、快樂。」事實上，在君主享有各種權力的背後，在繼承財富、權勢之下，也有一股空虛，只有愛能填滿。

他最強烈的渴望就是愛。早在遇見華勒斯・辛普森之前，他心中一定感受到這股偉大的普世情感在他靈魂的大門前捶打著，哭喊著要找到一個出口。

愛德華國王決定放棄英國王位，換取能與自己所愛的女子共度餘生，這個決定需要勇氣。這個決定也有其代價，但有誰能說這個代價太過高昂？

溫莎公爵因為對愛的渴望，公開示愛並因此放棄王位，有些人可能會對此有所批評。他大可照慣例維持一段「祕密私通」的關係或外遇，數百年來這在歐洲都是很普遍的事，如此一來既不用放棄王位，也不用放棄自己的愛人，也不會因此招致教會或大眾的批評。但這位不尋常的男人無比堅定，他的愛意深切誠摯。這是他真心渴望的東西，勝過其他一切，因此他決定追求自己想要的，並付出必要的代價。

現在世界上大部分人都會覺得溫莎公爵和華勒斯・辛普森很了不起，因為他們堅持追尋，直到找到了人生最偉大的報償。我們每個人都可以從他們的故事中獲益並效仿他們，追尋我們人生中的目標。

堅持者如何克服逆境

堅持的人到底獲得了什麼神祕的力量，能夠克服困難阻礙？堅持的特質是否在一個人的心智中建立了某種精神、心理或化學活動，讓人得以接觸到超自然的力量？對於那些就算全世界與之為敵，輸掉戰役卻持續奮戰的人，「無限的智慧」是否會選擇與其站在同一陣營？

我在觀察亨利．福特等人的時候，心裡浮現出以上問題。亨利．福特白手起家，創建了一個龐大的企業帝國，開始的時候，他除了堅持幾乎什麼都沒有。湯瑪斯．愛迪生只受過不到三個月的正式教育，卻成為世界上最偉大的發明家，他的堅持轉換成了留聲機、電影放映機、白熾燈泡還有其他上百項實用的發明。

我有幸能夠年復一年近距離分析研究愛迪生和福特先生，所以我能以第一手觀察表示，堅持是這兩人能達到如此驚人成就的最重要因素。

客觀公正研究過去的預言家、哲學家、締造奇蹟者、宗教領袖，一定會得到堅持、專注努力、明確的目標是他們成就的主要來源這個結論。

舉個例子，想想穆罕默德奇怪又有趣的故事。分析他的一生，將他和現代工業、金融領域有成就的人士比較，觀察他們了不起的共通點就是堅持！

如果你有興趣想研究賦予堅持力量的神奇魔力，可以讀讀穆罕默德的傳記，尤其是埃塞德．貝（Essad Bey）撰寫的版本。湯瑪斯．蘇格魯在紐約《先驅論壇報》針對這本傳記的簡短書評，可以一窺人類文明史上最了不起的堅持力量的故事。

最後一位偉大先知

書評：湯瑪斯．蘇格魯

穆罕默德是位先知，但他從未顯現神蹟。他不是神祕主義者，沒有接受過正式教育，一直到四十歲才開始接受啟示。當他宣告自己是神的使者，要傳授神的話語，卻遭受譏笑，被認為是瘋子。他被趕出自己出生的城市麥加，他的追隨者被奪取了所有世俗之物，跟著穆罕默德一起被趕到沙漠裡。他講道講了十年，除了被驅逐、貧困和他人的譏諷，他一無所有。但接下來十年不到，他卻成了麥加的統治者、新的世界宗教領袖，這個宗教一路橫掃至多瑙河和庇里牛斯山，直到用盡穆罕默德給予的驅動力。這個驅動力共有三層：語言的力量、禱告的效力、人與神的親近關係。

他的經歷無法以常理解釋。他出生於麥加顯赫家族中一名貧困成員的家庭裡。麥加是世界的十字路口、神奇巨石克爾白（Caaba）所在地、偉大的貿易之城及貿易路線的中心，因為麥加的環境不衛生，孩子們都被送到沙漠中，由貝都因人養大。穆罕默德在不同的遊牧代理母親養育下茁壯長大。他牧羊，很快地就被一個有錢的寡婦僱用，負責其商隊。他在東方世界各地遊歷，和許多不同信仰的人聊天，觀察到基督教日漸式微，淪落成派別間的對戰衝突。他二十八歲的時候，寡婦哈蒂加（Khadija）決定嫁給他。接下來十二年間，穆罕默德過著富裕又受人尊敬的生活，也是個精明的商人。他後來到沙漠遊蕩，有一天帶著《古蘭經》的第一節回來，他告訴哈蒂加，天使長加百列顯現在他面前，說他是神的使者。

《古蘭經》是神顯現的話語，這也是穆罕默德一生中出現最接近神蹟的事情。他並非詩人，沒有語言上的才華，但他獲得《古蘭經》並向信眾念誦出來的經文，卻比任何專業詩人寫出的詩詞還要好。這對阿拉伯人來說就是奇蹟。對他們而言，文字上的才華是最棒的禮物，詩人是全能且強大的。此外，《古蘭經》說在神面前所有人皆平等，全世界應該成為一個民主的伊斯蘭國。這樣的政治異端邪說，加上穆罕默德希望能摧毀克爾白庭院裡三百六十個偶像，導致他被驅逐流放。偶像將沙漠的部落帶到麥加，而這也意味著貿易往來。穆罕默德也曾是麥加的商人，現在那些商人、資本主義者都開始攻擊穆罕默德。後來他逃到沙漠中，創建了一個國家。

伊斯蘭就這樣誕生。沙漠中出現無法熄滅的大火——一群民主的軍隊齊力奮戰，帶著誓死的決心，毫不退縮。穆罕默德邀請了猶太人和基督徒加入他的行列，因為他建立的並不是一個新的宗教。他召喚著所有相信唯一真神的人都成為這個單一信仰的信徒。

如果猶太教徒和基督徒都接受了他的邀請，伊斯蘭教將能征服世界，但他們並沒有這樣做，沒有接受穆罕默德創新的人道戰爭。當先知的軍隊進入耶路撒冷時，沒有任何人因為信仰被殺。數百年後，十字軍進入耶路撒冷時，所有穆斯林男女老少無一倖免。但基督徒倒是採用了一個穆斯林的想法：設立學習的地方，也就是大學。

像穆罕默德這樣的宗教領袖；像湯瑪斯．愛迪生、亨利．福特、安德魯．卡內基這樣的企業領袖；像山繆．亞當斯這樣的政治領導者；像范妮．赫斯特、凱特．史密斯、費爾茲這樣的表演者；像華勒斯．辛普森和溫莎公爵這樣的世界公民；無論什麼職業，他們在人類歷史中都展現出「致富法則8：堅持」的驚人力量，能在所有逆境下持續努力的精神。

堅持能創造信念。而信念是失敗的唯一解藥，是所有致富之路的開始，是能開發無限智慧力量的唯一方式。

第9章

智囊團的力量

驅動力

致富法則9

堅持能創造信念。

信念能生出力量。

而在累積財富的過程中，力量對於成功至關重要。

沒有足夠的力量將計畫轉化為行動的話，計畫本身既被動也沒有用處，本章將討論獲得並運用力量的方法。

力量可以視為是「經過組織並聰明引導的知識」。這裡的力量是指組織過的努力，足以讓一個人將渴望轉換為等同的財富。組織過的努力是透過兩個以上的人協調努力，以和諧的狀態，一起朝著明確目標邁進。

要累積財富必須要有力量！如果要保有這個財富，更要有力量！

讓我們來釐清要如何獲得力量。如果力量是「經過組織的知識」，那我們就來檢視：

知識的三個主要來源

❶ **無限智慧**。透過「創意想像」的幫助，可以藉由第五章提到的流程獲得這類型的知識。

❷ **累積的經驗**。人類累積的經驗（或是其中經過組織及記錄的部分），在任何完備的公立圖書館都可以找到。累積經驗很重要的一部分是在公立學校及大學傳授的，知識在這些地方經過分類並組織整理。

❸ **實驗及研究**。在科學領域和幾乎各行各業中，大家每天聚在一起，分類並組織整理新

的事實。從「累積的經驗」獲得的知識不夠時，就必須轉而參考這類知識。同樣地，在這類知識中也常常需要用到「創意想像」。

知識可以從以上來源取得。將知識整理成為明確的計畫，並透過行動展現這些計畫，就能轉化成為力量。

檢視「三個主要知識來源」，很快就會發現如果你單憑自己的努力，要蒐集知識並透過行動展現出明確計畫，將會非常困難。如果你的計畫完整周全，又需要龐大的資訊，通常一定需要他人配合，才能將力量這個必要的元素挹注到計畫中。

一加一大於二

智囊團的定義如下：「兩人以上，以和諧的精神，協調知識及努力以達成明確目標。」

運用智囊團原則才能獲得強大的力量。第一章的說明指示能創造計畫，將渴望轉化為等同財富。如果你靠著堅持及智慧執行這些指示，並仔細挑選智囊團成員，在你還沒發現之前，就已經成功一半了。

為了讓你能更了解審慎挑選智囊團帶來的無形潛在力量，以下說明智囊團原則的兩個特點：經濟方面的和精神層面的。經濟上的特點顯而易見，如果自己周遭都是能以完美和諧精神、願意真心給予協助的人，並由他們提供你建議、諮詢和配合的話，將能創造出經濟上的好處。幾乎所有龐大財富累積的過程中，都會出現這樣的合作結盟。了解這個真相，絕對能影響你的財務狀況。

精神層面則比較抽象，更難理解，因為涉及人類整體都不太熟悉的精神力量。從以下這句話你或許能抓到一些重點：**「兩個人一起必定會創造出第三個看不見、無形的力量，就像是第三個人一樣。」**

記住，整個宇宙中只有兩個已知物質：能量和物質。我們已經知道，物質能被分解成分子、原子、質子、中子、電子，可以被隔離、分開、分析。

同樣，也有能量的單位。

人類的心智就是一種「能量」，其中一部分屬於精神層面。當兩個人的心智以和諧的精神協調合作，兩人心智的精神能量就會受到「吸引」，這是智囊團的精神層次階段。

我第一次注意到智囊團原則，是在研究的早期階段，因為安德魯·卡內基才注意到的。發現這個部分，幫我選擇了我的人生志業。

卡內基先生的智囊團，包含了大約五十名員工圍著他轉，為的就是製造與銷售鋼鐵這個明確目標。他將自己累積的全部財產都歸功於從智囊團獲得的力量。分析任何一個累積龐大財富或一些資產的人，你會發現他們要不是刻意，不然就是在無意間採用了智囊團原則。

沒有其他原則能累積這麼強大的力量！

能量是大自然普遍共通的積木，大自然由此構建出宇宙中每一個物質，包括人類和所有的動植物。大自然透過只有她才完全理解的過程，將能量轉化為物質。

人類透過和思考有關的能量，也能獲取大自然的積木。人類大腦或許能比擬為電池，從稱為「宇宙神祕統一的力量」吸收能量，而這個統一的力量滲透到每個物質的原子——包括組成人類大腦的原子——充滿了整個宇宙。

如何增強腦力

大家都知道，一整組電池比一顆電池創造的能量更多。大家也知道，一顆電池能產生的能量，和電池組裡的電池數量及容量有關。

大腦也是以類似方式運作，所以有些大腦比其他大腦更有效率，並能導出以下這段話：一群以和諧精神合作（或連結）的大腦，會比單一大腦提供更多思考能量，就像一組電池能比一顆電池提供更多能量。

透過這個比喻，我們立刻就能理解，那些身邊充滿有才幹夥伴的人，他們擁有力量的祕密就來自智囊團原則。

另外，這能更進一步幫助你了解智囊團原則的精神層面：當一群人能合作並和諧運作，這個結盟產生的能量將能被團體中所有人運用。

亨利·福特在事業初期，貧窮、不識字又無知。在短短十年間，福特克服了這三個缺陷，在二十五年內，成為全美最富有的幾個人之一。另外，福特事業進展最快速的時期就是成為湯瑪斯．愛迪生的朋友之後，由此你可以了解到一個人對另一個人的影響所能達到的成就。再進一步看看，福特最了不起的成就開始的時候，他認識了哈維．費爾泛世通[33]、約翰．巴洛斯[34]、路瑟．波本克[35]（這三位都是非常了不起的人物），你會得到更多的證據顯示，友好結盟能創造力量。

幾乎沒有人會反對，亨利．福特是當時業界資訊最發達的領袖之一，他的財富毋庸置疑。前面提過福特一些親近的友人，透過分析這些朋友，你將可以理解：「對於自己認同並相處融洽的朋友，人會開始擁有那些朋友的本質、習慣及思想力量。」

亨利．福特透過結交了不起的朋友們，擺脫了貧困、不識字和無知的狀態，他吸收那些朋友的「思想振動」，成為自己的一部分。透過結交愛迪生、波本克、巴洛斯、費爾史東這四位朋友，福特先生把他們的智慧、經驗、知識和精神力量都吸收成為自己的力量。不僅如此，他還透過本書中提到的方法，運用了智囊團原則。

你也可以運用這個原則！

我之前已經提過聖雄甘地。說不定大部分的人看到甘地都只覺得他是一個個子矮小的奇怪

33 Harvey Firestone，泛世通輪胎與橡膠公司創建人。

34 John Burroughs，美國知名自然學家。早期擔任過財務及國家銀行檢察官，後來投入寫作與種水果中。

35 Luther Burbank，美國著名的植物育種家和園藝學家。培育了波本克馬鈴薯，用於對抗愛爾蘭馬鈴薯晚疫病造成的飢荒。一生中育成的新植物品種超過八百種，被譽為現代科學植物配種之父。

男子，不好好穿衣服，到處給英國政府惹麻煩。

事實上，甘地並不奇怪，但他是當時最有力量的人（就追隨者的人數以及他們對其抱持的信念而言）。此外，他也算是歷史上最有力量的人之一，他的力量消極被動，卻真實存在。

我們研究一下他取得驚人力量的方法。他獲得力量的方式是透過讓超過兩億人身心投入一起合作，以和諧的精神達成一個明確的目標。

甘地達成了一個奇蹟，是兩億人被引導，而非逼迫，以和諧的精神長期合作所達成的奇蹟。如果你不相信這是個奇蹟，可以試試讓任意兩個人在一段時間內，以和諧的精神合作。

管理企業的人都知道，別說是和諧的氣氛，光是要讓員工一起工作就是非常困難的事情。

力量的主要來源中，首要就是無限智慧。當兩個以上的人以和諧的精神合作達成一個明確目標時，他們彼此結盟，直接吸收偉大萬能的無限智慧所給予的力量。這是最棒的力量來源，是所有天才都會利用的來源，也是偉大領導者都會利用的來源，不管是刻意或無心為之。

另外兩個能獲得力量的主要來源是「累積的經驗」與「實驗及研究」，這兩者和人類五感的可靠程度差不多。感官不是永遠可靠，但無限智慧不會出錯。

接下來會詳細說明最容易取得無限智慧的方式。

本書並非宗教課程，書中提到的基本原則都無意直接或間接干涉讀者的宗教習慣，而是主要告訴讀者，如何將渴望金錢的明確目標轉化為等同的財富。

在讀的過程中，請仔細思考，很快地，主旨就會顯現出來，你也能正確看出要旨。

金錢既難尋又捉摸不定。追求並贏得的方式，就像是堅定的追求者在追愛時採用的方法。

而且巧的是，你在追求金錢時採用的力量，就跟追求一個人時使用的力量差不多。若要成功運用這個力量追求金錢財富，一定要搭配信念、渴望和堅持的毅力，一定要透過計畫執行，而且要付諸行動。

當金錢大量湧入時，會自然流向累積財富的人，就像水往下流一樣容易。生命中有看不見力量的川流，或許可以比做河流。不過這條河流的一端流向財富，另一端則往反方向，將不幸（無法擺脫）淪落至此的人帶往悲慘與貧窮。

每個累積巨額財富的人都知道，生命中這股川流是由思考過程構成的。正向思考的情緒形成這股川流的一端，帶著你通往財富；負面思考的情緒則形成另一端，帶著你一路流向貧窮。

知道自己可以控制出現在生命川流的哪一端，對於想要累積財富的人來說至關重要。他們會體認到任何人都可以許願變得有錢，大部分人都會許願，但只有少數人知道，明確的計畫加上對財富強烈的渴望，才是累積致富的唯一可靠之道。

如果你發現自己在生命川流中流向貧窮，要知道你擁有能夠將自己划向另一端的力量，書中提到的道理和原則就是你的船槳。只有透過實際運用，這些道理和原則才派上用場。如果只是讀過或評論這些原則，都毫無幫助。你一定要拿起船槳，然後採取行動。

有些人會輪流出現在這條川流的不同方向，有時在正面的一端，有時在負面的一端。在經濟艱困的時期，許多人從正向的一端被沖到負面的一端。這些人掙扎著，有些人感到絕望恐懼，難以回到正向的一端。而本書就是為了這些人寫的。

貧困與財富時常替換彼此的位子。快速變化的經濟局勢替全世界上了一課，雖然很多人不會一直記得這堂課。貧困可能而且通常會主動取代財富的位子，而當財富換掉貧困時，這個改變通常是經過規劃周全、謹慎執行的計畫達成。通往貧困無需計畫，也不需其他協助，因為貧困既大膽又無情。財富則害羞膽怯，要受到吸引才會出現。但除非先學會運用智囊團的力量，並了解致富法則10：性慾轉換的奧祕，否則很難吸引財富，就算吸引到也很難留住。

第10章

性慾轉換的奧祕

致富法則10

「轉變」一詞，簡單來說就是「一個元素或能量形式轉化為另一種」。

性慾會形成一種心態。

大多數人因為不了解，以為性慾只會和人性的肉體層面連結。而且大部分人在了解性的時候，受到不當影響，強調純粹肉體上的性，因此產生強烈且往往是負面的偏見。

性慾的情緒背後有三個有建設性的潛力，包括：

❶ 繁衍。

❷ 維持良好的身心健康。

❸ 透過轉化將平庸變成才華。

性慾轉化的過程很簡單，意思是將一個人的想法或「主要關注點」從性行為轉換到其他性質的事物上。這完全不代表要「獨身」或「壓抑自然直覺」，而是從完全正向、有建設性、平衡且適當的態度去看待並進行性行為。

性渴望是人類所有渴望中最有力量的，以合適的方式及比例去執行，很正向也很健康。人們若能在正向且有建設性的狀況下，受到性慾所驅使，將其「轉化」發展成敏銳的想像力、勇氣、意志力、堅持毅力、創造力，這是其他難以達成的。有些人對性的渴望非常強烈，甚至甘願冒著生命危險、賭上聲譽也要沉溺其中。如果能以有建設性的方式「駕馭」並「重新引導」，這股驅動的力量將能維持所有敏銳的特質，包括想像力、勇氣等等，這些都可能成為文學、藝術或其他職業、領域中強而有力的創造力，當然也包括累積財富。

要轉換性能量，一定需要意志力，但非常值得。對性的渴望是天生且自然的，這股渴望不能也不應該被隱藏或消滅，但不能讓它主宰或控制一個人的行為。要提供不同形式的出口，同時也能滋養身心靈。**如果沒有透過轉化的過程給予一個出口，這股渴望將會尋求純粹肉體的管道宣洩**。

為河流築壩，可以控制水流一段時間，但水流終究要宣洩。性的情緒也是同樣的道理，或許能隱藏或控制一段時間，但其本質注定要有一個出口。如果無法用創意的方式去轉化，這種情緒會找一個沒那麼正向且無益的出口。而透過某種創意形式找到出口的人，真的很幸運，因為他們藉由這樣的做法，將自己提升到「天才表現」的層次。

研究發現以下兩個重點：

❶ 成就最傑出的人通常是能夠高度發展性的本質，也學會轉變性慾的人。

❷ 一般來說，累積了龐大財富，在文學、藝術、工業企業界、建築、專業領域等達成傑出成就的人，都受到情愛的影響刺激。

這些驚人的研究，可追溯到兩千多年前記錄下來的傳記及歷史。有偉大成就的人，如果有相關證據，通常會顯示他們都高度發展了性慾本質。

性慾是難以抗拒的力量，其他力量就像是無法移動的身體一般，無法與之對抗。受到這股情緒驅使的人才華洋溢，並得到無敵的力量能付諸實踐。了解這一點，就知道這句話的重要性：轉換性慾能將人提升到天才表現的層次。

性慾蘊含了創意的祕密。

毀掉人或動物的性腺，就等於移除了一個重要的行動來源，觀察被閹割的動物就可以證明，鬥牛犬被閹割後變得溫馴無比。改變性特徵會拿掉雄性動物的所有鬥志，對雌性動物也有同樣馴化的效果。

十個心智刺激

人類大腦會因為受到刺激而反應，並可能因此對於高度振動而感到興奮，像是熱情、創意想像、強烈的渴望等等。大腦最容易出現反應的十個刺激是：

❶ 性慾。

❷ 愛。

❸ 對於名望、權力、財務上的收益（金錢）的強烈渴望。

❹ 音樂。

❺ 同性之間或異性之間的緊密友誼。

❻ 智囊團，也就是兩人以上以和諧的方式結盟，追求精神或世俗的成就。

❼ 共同的苦痛，像是遭受迫害的經驗。

❽ 自我暗示。

❾ 恐懼。

❿ 毒品和酒精。

性的渴望排在刺激名單的第一位，能有效讓大腦發出振動，並「啟動」實際行動。其中八點是自然且有建設性的，有兩點是具有摧毀性的。列出這個名單的目的，是要讓你比較心智刺激的主要來源，能立刻發現性慾絕對是所有刺激中最強而有力的。

這個比較很重要，證明性能量的轉化能將一個人提升至天才表現的層次。我們來看看怎樣算是天才。

有些自以為聰明的人曾說過，天才就是「留長髮、吃奇怪食物、獨居、被喜劇演員當作攻擊目標」的人。對於天才有個更好的定義是：「發現了提升心智強度與專注力的方式，讓自己能自由與知識源頭溝通，而這些知識無法透過一般程度的思考取得。」

有人會對於這個定義提出一些問題。第一個問題是：「一個人要如何跟無法用一般思考『強度』和『專注度』獲得的知識源頭溝通？」

第二個問題是：「是否存在只有天才才能取得的知識源頭，如果有的話，是哪些來源並且確切該如何取得？」

對於書中一些重要部分，我會提供穩當的證明，你也可以自己實驗來驗證。以下會回答以上兩個問題。

天才是透過第六感所培養

人類已經證實具備第六感，這個第六感就是「創意想像」。大多數人終其一生都沒有使用過創意想像的能力，如果用過，通常也純屬意外，只有少數人刻意、帶有目的並帶著遠見使用創意想像的能力。那些因為了解其功能而刻意使用這個能力的人，就是天才。

創意想像的能力，是有限的人類與無限的智慧間之直接連結。在宗教領域中的天啟、所有基本或新原則的發現，都是透過創意想像的功能。

當一個人腦中閃現想法或概念，普遍稱之為直覺，這些直覺都來自以下四個來源。

❶ 無限智慧。

❷ 潛意識。透過五感中的任何一個感官，曾經傳送到大腦的任何感官印象和衝動想法。

❸ 他人的心智。其他人透過有意識的想法所「釋放出」的想法或某個想法的「圖像」

❹ 其他人的潛意識。

以上第一、三、四項來源都是透過某種神祕的過程取得，可能是超感官的表現方式，我們無法解釋也難以理解。我們能理解的是，世界上每天都有人去開發使用這些來源，沒有其他已知來源可以獲得「受啟發」的想法或直覺。

創意想像運作最好的時候，就是心智想法正在運作的時候——或者說執行、專注、（受到某種形式的刺激而）「振動」——其強度與意識程度都明顯高於一般的想法。

當大腦受到十個心智刺激的一個或多個刺激，就會超越一般思考的層面，不管是在距離、廣度、品質或特徵上，像在企業或專業流程中，針對每天會遇到的問題尋找解決之道。

透過任何心智刺激而提升到「更高的思考層次」時，就像是搭乘著飛機往上攀升，在地面時，地平線局限了一個人的視野，而升起就能看到地平線以外的事物。不僅如此，在這個層次，一個人不會受到局限視野的刺激阻撓，又一邊掙扎著要如何取得基本的食、衣、住三個基本需求。在這個層次的世界中，一般日常的想法都會被有效排除，就像是搭飛機升上高空時，山坡、谷地等其他局限視野的地景都不再成為阻礙。

在更高的思考層次中，人類心智的創意部分得以自由行動，讓「第六感」開始運作，開始接收在其他情況中接收不到的想法。第六感是天才與一般人最重要的差別。

越常使用這個創意的功能，就會越敏銳，越能接收到潛意識之外的思想振動。人也會越來越仰賴這個功能，藉此獲得衝動的念頭（直覺、靈感或洞見）。這個功能只能透過持續使用去培養、發展。

一般所謂的「良知」，完全就是透過第六感運作。

偉大的藝術家、作家、音樂家、詩人之所以偉大，是因為他們習慣仰賴這個透過創意想像，從內在發出的「微小的聲音」。具備敏銳想像力的人，他們最棒的點子都來自所謂的直覺。

有位偉大的演說家，在演說時一定要閉上雙眼，完全仰賴創意想像的功能後，才能進入演說的高潮。問他為什麼在演講進入最高潮前閉上眼睛，他回答：「我會這樣做是因為我是透過來自內在的想法來演說。」

美國最成功、最知名的金融家也有這個習慣，他在做決定之前會閉上眼睛兩到三分鐘。問他為什麼這樣做，他回答道：「閉上眼睛的時候，我能從更高階的智慧來源獲得靈感。」

馬里蘭州切維蔡斯的艾爾摩．蓋茲博士（Elmer R. Gates）擁有超過兩百項實用的發明專利，其中很多都很基本，是透過培養創意功能而來的。對有興趣達到「天才地位」的人，艾爾摩．蓋茲採用的方法很重要，也很有趣，而蓋茲顯然就具備這樣的天才地位。艾爾摩．蓋茲博士是一位真正了不起的科學家，雖然比較不為人所知。

在他的實驗室裡，有間他稱之為「個人溝通室」的房間，是幾乎能完全隔音並隔絕所有光線的房間。裡面有張小桌子，他放了一本筆記本。當艾爾摩．蓋茲博士想要使用創意想像，就會進到這個房間，在桌子前坐下，調暗光線，專注在目前開發的發明項目上已知的事實，一直維持這個姿勢，直到腦中閃現關於這項發明他所不知道的面向。

有一次，想法湧現非常快速，他寫了將近三個小時都沒停。在想法停止湧現後，他檢視筆記，發現有一些連已知科學數據都沒出現過的獨特原則。此外，他想要尋找的解答就巧妙地呈現在筆記中。艾爾摩·蓋茲博士透過這樣的方式，完成了兩百個以上的專利，別的發明家曾開發其中的一些項目，但都沒有完成。而證據就在美國專利局。

艾爾摩·蓋茲博士藉著為個人及企業「坐著想點子」維生。蓋茲的客戶可能不知道，但有些美國最大的企業每小時給付驚人的費用，讓他坐著想點子。

一般推論判斷往往會出現問題，因為主要靠的是一個人累積的經驗，不是所有透過經驗累積的知識都是正確的。透過創意獲得的想法更可靠，因為這些想法來自比邏輯思考更可靠的來源。

天才如何利用創意功能

天才和一般發明家的主要差異，在於天才透過創意想像的功能運作，而一般發明家則完全不知道這個功能的存在。科學發明家（像是愛迪生或是蓋茲）會同時使用整合及創意的想像力。

舉例來說，處於天才模式的科學發明家一開始會藉由整合的功能（推論的功能），先整理已知想法或透過經驗累積而得的原則。如果累積的知識還不足夠，發明家會利用創意功能來汲取其他知識來源。實際方法依個人而不同，但天才發明家採用的流程基本上如下：

❶他們會「刺激」自己的大腦，讓大腦以更高的強度，在更高的層次運作，從十個心智

刺激中使用一個或多個刺激，或自行選擇其他刺激來源。

❷ 他們專注在發明的已知事實上（成品），在腦中創造出未知要素組成的完美發明之圖像（未完成品）。他們在腦中存取著這個圖像，直到潛意識接手，接著放鬆，清除腦中所有想法，等著答案湧現。

有時候，明確的結果會立即出現。有時候，依據其第六感或創意功能發展狀態不同，會得出負面結果。

愛迪生透過整合功能的想像力，嘗試了超過一萬種不同的想法組合，最後才透過大腦的創意功能專注找到答案，發明了白熾燈泡。他發明留聲機的經驗也很相似。

有充足可靠的證據顯示，創意想像的功能的確存在。分析那些沒有受過太多教育卻能在其領域成為領導者的人，就能找到證據。林肯就是很好的例子，他透過創意想像的能力成為偉大的領導者，他發現並開始使用這個能力，是在遇見安妮·拉特利奇，受到愛的刺激後，而這也是成為天才來源最重要的一點。

性能量的驅動力

歷史上充滿了偉大領袖因為受到摯愛影響而達到成就的例子，所愛的人透過性慾的刺激，激發了他們的創意。拿破崙就是其一，他受到第一任妻子約瑟芬啟發，所向無敵。當「較好的判斷力」或說理性思考的功能要他將約瑟芬擺到一旁時，他就開始衰敗，這時距離他失敗和流放到聖赫勒拿島的日子也不遠了。

我可以輕鬆找出許多美國人熟知的人物，受到另一半的刺激影響而達成偉大成就，卻在金錢與權力的腐蝕下，拋棄原先的摯愛另覓新人，最後墜入毀滅崩壞。拿破崙發現來自正確來源的性影響力，比任何理性能創造的權宜做法都更具力量，而且他不是特例。

人類心智會因為刺激而有所回應！

其中最強大的刺激就是性衝動。若能駕馭並轉化這個衝動，這股力量將能把人提升至更高的思考層次，克服在較低層次時困擾他們的擔憂和惱人小事。

很可惜的是，只有天才發現這個道理。其他人則單純接受性衝動，而沒能發現其主要潛力——這也是為什麼只有極少數的一部分人能成為天才的原因。

為了重溫記憶，方便回想特定人物傳記中提及的內容，以下列出幾位傑出人士，這些人都性慾強烈。他們的天才之處在於發現可以將性能量轉換成力量的來源：

喬治・華盛頓	拿破崙・波拿巴
威廉・莎士比亞	亞伯拉罕・林肯
拉爾夫・沃爾多・艾默生	勞伯・伯恩斯
湯瑪斯・傑佛遜	阿爾伯特・哈伯德

阿爾伯特・蓋瑞
伍德羅・威爾遜
安德魯・傑克森
奧斯卡・王爾德
約翰・派特森
恩里科・卡魯索[36]

你也可以自己找到一些例證。試著在人類歷史的任何領域中，找出一個成就輝煌，但不是受到發展良好的性能量驅動之人物。

如果你不想在歷史上回溯，可以在當今達到輝煌成就的人物中尋找，看看是否能找到一個性能量不強大的人。

這可能會有點爭議，但性能量幾乎是所有天才的創意能量來源。過去從來沒有，未來也不會有任何偉大領袖、創造者或藝術家缺乏來自性的驅動力。

但不要誤以為所有性慾高漲的人都是天才！只有一個人能刺激自己的心智，能從創意想像的功能汲取力量時，才能成為天才。在所有刺激中，主要能加強心智功能的就是性能量。只是擁有這個能量並不足以成為天才。這個能量一定要從純粹對肉體接觸的渴望被轉化為其他形式的渴望，並付諸實踐，才能提升至天才的境界。

大多數人都沒有因為強大的性慾而成為天才，因為誤解並誤用了這個強大的力量，將自己降低至低等動物的地位。

36 Enrico Caruso，知名的歌劇男高音。

為什麼大部分人很少在四十歲之前成功

我分析超過兩萬五千人發現，有偉大成就的人很少是在四十歲前達到這些成就，而且常常要到五十幾歲之後才能真正發揮潛力。這個結果很驚人，我因此決定仔細研究找到其原因，並花了超過十二年進行研究調查。

研究發現，大部分成功的人都一直要到四十至五十歲之後才有所成就，主要原因是他們往往會過度沉溺用肉體的方式發洩性慾，導致能量逸散。大部分人從來都不知道性衝動有其他的可能性，比純粹肉體形式還重要。絕大多數發現這點的人，都是在四十五到五十歲前、性能量巔峰之際，浪費了多年的時間後才明白這個道理。他們之後通常會有卓著的成就。

許多人在四十歲之前，有時候到四十歲之後，都持續讓能量逸散，但這些能量可以轉換到更好的管道，而這樣的習慣也衍生出了「生活放蕩」一詞。

性慾是人類情緒中最強烈也最有驅動力的，如果可以駕馭並將這個渴望轉化以肉體之外的形式展現，能幫助一個人提升至「天才模式」。

心智刺激帶來強大力量

歷史上很多人有時能達到天才的境界，靠的是酒精、藥物的人為心智刺激。埃德加・愛倫・坡（Edgar Allen Poe）是在酒精的影響下寫下〈烏鴉〉這個作品，「做著平凡常人不敢做的夢。」詹姆斯・萊利（James Whitcomb Riley）也在酒精催化下寫了許多傑出的作品。說不定也因此讓他看到「真實與夢境井然有序地混雜在一起，如河上的磨坊，溪流上的迷霧。」勞伯・伯恩斯在酒醉之下寫下了不朽的文字：「為了往日歲月，親愛的，讓我們為了友誼把酒言歡，為了往日歲月。」

但不要忘記，也有許多人最終都走向自我毀滅的道路。大自然已經準備好了良藥，像是深深的愛、性衝動、自我暗示的力量，人們可以安全使用這些去刺激心智，藉此提升至更高層次，接收更好也更罕見的想法，而這些想法從哪裡來，沒有人知道！沒有什麼比大自然提供的自然刺激更好了。

整個世界、整個人類文明的命運都是由人類情緒主宰。人類的行為主要受到情緒影響，而非理性。大腦的創意功能受到情緒啟動，並非冷冰冰的理性。人類情緒中最強大的就是性，還有其他心智的刺激來源，有些前面提過，但所有刺激不管是單一的或加總起來，都比不上性能創造的驅動力量。

心智刺激物指的是，任何會暫時或永久提升思想自由、強度、專注力的影響。前面提到的「十個心智刺激」，是最常用的幾個刺激來源。透過這些來源，或許就能與無限智慧融為一體，或隨心所欲進入自己或他人的潛意識中，天才就是採用這種方式。

性能量可轉換成個人魅力

有一位老師訓練並指導超過三萬人銷售之道，發現一個驚人結果，他發現性慾強烈的人通常會是最有效率的銷售人員。因為大家稱為個人魅力的特色，其實就是性能量。有強烈性慾的人永遠會具備非常強大的個人魅力。透過培養與了解，就能汲取並使用這股重要的力量，在與他人的關係中獲益。這股強大的能量可以透過以下方式傳達給他人：

❶ **握手**。手的接觸立刻能顯示是否有這樣的吸引力。

❷ **音調**。吸引力或性能量能讓一個人的聲音變得更有影響力，如音樂般美妙或迷人。

❸ **姿勢和體態**。有強烈性能量的人移動時輕快俐落，舉止優雅從容。

❹ **思想振動**。有強烈性慾的人，有時會在不自覺的情況下，將性慾與自己的想法結合，又或者是刻意為之，藉此影響周遭的人。

❺ **外貌修飾**。有強烈性慾的人，通常對於個人外表都悉心照顧。他們通常會選擇適合自己個性、體態、膚色的穿著風格。

在僱用業務人員時，比較有能力的業務經理會以個人魅力作為用人的首要條件。缺乏性能量的人永遠不會有熱情，也無法以熱情激勵他人，而熱情則是業務員最重要的必要條件，無論賣的是什麼。缺乏性能量的講者、演說家、牧師、律師或業務，在影響力上的表現通常很慘。

加上大部分人通常只會被情緒相關的訴求影響，就可以知道在業務員天生的能力中，性能量非常重要。頂尖業務員之所以能掌握銷售的技巧，是因為他們可能在有意識或無意識間將性能量轉化為銷售的熱情！這句話中或許能找到轉換性慾的實際意思。

知道如何將思緒從性本身轉移，將能量轉換到銷售上的業務員——並且帶著原本同樣的熱情與決心——就已經學會轉換性慾這門藝術，不管他們自己知不知道。大多數能轉換性慾的業務員，都不知道自己有這個能力，或自己是怎麼做到的。

轉換性慾需要更多的意志力，這是一般人不願意付出的。那些覺得很難有足夠意志力進行轉化的人，可以逐步獲得這個能力，成果則絕對值得。

錯用性能量會摧毀創造力

絕大多數人對性這個主題都極度無知。性衝動長期以來被無知且心術不正的人嚴重誤解、毀謗、嘲諷，導致在使用「性」這個字時往往帶有淫蕩、汙穢的意涵。而幸運（對，幸運）擁有強烈性慾的人，往往遭受懷疑，甚至被投以輕蔑的眼光。他們通常被視為不正常、有缺陷，甚至是低劣的，而非正常、健康、幸運的人。

就算在這個民智啟迪的時代，仍有許多人因此感到自卑，因為大家誤以為性慾強烈是一種詛咒。然而，性能量的諸多優點，並不能用來為放蕩不羈的生活方式辯護。只有當一個人能聽明並審慎使用性慾時，性慾才會成為優點。性慾可能被誤用，而且也常常被誤用到貶低身心的程度。

我發現幾乎所有我有幸研究的偉大領袖中，每一位的成就主要都是受到摯愛啟發所達成，我覺得這點很有意義。在很多的例子中，這位摯愛謙遜又犧牲自我，大眾幾乎不知道他們的存在，但少數幾個例子中，靈感啟發的來源就是愛人。說不定你也聽過這樣的例子。

無節制沉溺於性的習慣，就和過度飲酒、過度飲食一樣有害。在這個時代過度縱慾很常見，或許就是為什麼現在缺少偉大領袖的原因。沒有人可以一邊揮霍創意想像的力量，同時又從中獲益。人類是地球上唯一違反了大自然這項法則的生物，其他動物在性方面的活動都很節制，與大自然的法則一致。其他動物只有在「交配的季節」回應性的召喚，而人類則傾向「解禁開放季」。

所有理性的人都知道，酒精、藥物的過度刺激都是過度放縱的行為，會摧毀身體的重要器官，包括大腦。但不是所有人都知道，過度縱慾可能會像藥物或酒精一樣，摧毀一個人的創造力。

沉迷性的人，基本上跟染上毒癮沒什麼兩樣！都失去了對理性及意志力的控制。過度沉迷於性可能不會摧毀一個人的理性及意志力，卻可能導致短期或永久精神異常。許多慮病症（想像自己得到疾病）的案例，都是因為不了解性的真正功能所導致。

不明白轉換性慾的人，一方面會導致非常嚴重的損失，另一方面也會因此錯失了同樣巨大的好處。

大眾對性這個主題普遍無知，是因為這個議題一直被蒙上神祕面紗而不被談論。神祕和沉默的結合，對年輕人來說，就和禁忌心理有一樣的效果，導致他們更加好奇，更想探索這個禁忌話題。立法者和大部分的醫師都應該感到羞愧，他們受過訓練，最有資格教育年輕人這個議題，但適當的資訊往往難以取得。

不管在哪個領域，很少人能在四十歲之前達到高度創意的表現。經過研究分析上千人的結果是，一般人通常在四十到六十歲之間，創造產能達到巔峰期。這應該能鼓勵到四十歲以下還沒成功的人，以及對年老感到恐懼的人。四十到五十歲之間的歲月，通常成果最為豐沛。快到這個年紀時，不要害怕，應該抱著希望及強烈的期待。

如果你想找大部分人在四十歲之前還沒達到巔峰的案例，研究美國最成功人士便能找到答案。亨利・福特一直到四十歲後才有所成就。安德魯・卡內基一直要到四十好幾才開始享受成功的果實。詹姆士・希爾四十歲的時候還是個電報員，過了四十歲才迎來驚人的成就。美國實業家及金融家的自傳中處處有證據顯示，四十到六十歲這段歲月幾乎是大家產量最豐沛的時候。

大家在三十到四十歲之間開始學習（如果有學的話）轉換性慾的藝術。通常是意外發現能這麼做，而且成功的人往往完全沒意識到自己做到了。他們可能會發現自己在三十五到四十歲之間開始有所成就，但大部分人都不太知道這個改變的原因，因為大自然的作用，人類在三十到四十歲之間開始能調和愛與性慾，因此能利用這些強大的力量刺激自己採取行動。

善用情緒讓心智茁壯

光是性就能帶來驅使人行動的強大力量，但這個力量如同暴風，往往難以控制。當愛與性慾結合，便能帶來追尋目標的平靜、鎮定自信、正確的判斷與平衡。

當一個人純粹基於性而渴望滿足異性，通常也可以達到卓越成就，但他們的行為可能毫無章法、扭曲、具毀滅性。當一個人基於性而渴望滿足所愛的人，可能會偷會騙，在極端的例子中甚至可能會殺人。但是當性結合了愛，這些人就會以理智、平衡、推理判斷行事。

犯罪學家發現，有些罪大惡極的罪犯，可能會受到強烈的愛影響而被矯正，沒有紀錄顯示曾有罪犯因為性的影響而改正。這些都是為人熟知的事實，但鮮少有人知道原因。如果有人能改過自新，一定是從心開始，或是來自情感面，並不是透過大腦或理性。改過自新是「心的改變」，不是「頭腦的改變」。一個人可能會因為理性判斷，針對個人行為做出特定改變，避免不想要的結果，但**真正的革新是來自於心的改變——透過渴望改變而達成**。

愛、浪漫和性都能驅使人達到卓越成就。愛這個情感是一個安全閥，確保人能維持在平衡、鎮靜的狀態，並有建設性的產出。當這些情緒或情感結合在一起，有可能將人提升至天才的「層次高度」。然而，有些天才不太了解愛的情感，這些人大部分會從事某種毀滅性或不是基於正義公平行為的行當。工商金融界就能找出很多這類天才，他們殘酷地踐踏他人的權利，以達成自己的目的，似乎毫無良知。

情緒是心理狀態。大自然提供人類心智一種化學作用，以類似化學原理的方式運作。大家都知道，在化學作用的協助之下，化學家可以透過結合特定元素創造出致命的毒藥，而這些元素本身都無害。情緒同樣也可能被結合，創造出致命的毒藥。當性慾和嫉妒的情緒結合，可能會將人變成失去理性的野獸。

人類心智中如果有一個或多個具有毀滅性的情緒，在化學作用的變化下所創造出的毒藥，可能會摧毀一個人對於正義公平的判斷能力。在極端的例子中，如果心智出現了這些情緒的任何組合，將可能摧毀一個人的理性。

通往天才之路的過程中，需要發展、控制並適當使用性慾、愛和浪漫。這個過程包括鼓勵這些情緒的存在，並成為心智中主導的想法，防止所有毀滅性情緒。心智是習慣的產物，會因為被灌輸的主導想法而茁壯發展。透過意志力，可以防止任何負面情緒，並鼓勵任何其他情緒的存在。透過意志力控制心智並不難，控制的能力來自堅持及習慣。而控制力的祕密則來自於對轉換過程的了解，**人的心智中出現的任何負面情緒，都能藉由改變想法的簡單過程，轉變為正向或具有建設性的情緒**。

通往成為天才的唯一道路就是透過自己的刻意努力！人或許可以短暫透過性能量的驅使，在財務、商業或其他面向達到極高成就，但歷史中有非常多證據顯示，這樣的人往往帶有特定的性格，無法持續維持或享受財富。這一點值得分析、思考，因為這其中的道理，或許能讓所有人都獲益。許多人因為不知道這個道理，就算擁有財富也無法獲得快樂。

愛是生命中重要的成長要素

愛的情緒會激發並發展人的藝術面及美感，並在靈魂上留下印記，就算這團「火」因為時間及環境而熄滅，愛的記憶會永遠留存。在刺激的來源消退後，愛的記憶還是會徘徊、指引並持續發揮影響力。這並不是新鮮事，每個真正愛過的人都知道，愛會在人的心中留下永久的痕跡。愛的影響能延續，是因為愛在本質上是精神的存在。愛的主要力量可能會像是團火一樣燃燒又熄滅，卻會留下難以抹滅的痕跡，這都是愛存在的證據。愛的離去往往是讓一個人準備好接受更偉大的愛。

回顧你的過往，將你的心智沐浴在過往美麗的愛的記憶中，這樣做能減緩當下的擔憂與煩惱。能為生活中的不愉快提供一個出口，而且說不定（誰知道呢？）在這個短暫退隱的時刻，心智會萌生出或許能改變你人生所有財務或心靈精神狀況的想法或計畫。

如果你因為曾經愛過又失去過而感到不幸，別傻了，真正愛過的人永遠不會完全失去。愛反覆無常、捉摸不定，稍縱即逝是其本質，高興的時候出現，離開時也不說一聲。愛還在的時候就接受並享受，但不要浪費時間擔心愛將逝去，擔憂永遠無法將其挽回。

拋開愛只會出現一次的想法，愛可能會來來去去無數次，但每次的影響都不一樣。可能有某次的愛在心裡留下的印記比較深，這常常發生，但所有的愛都是好的，除非在愛逝去的時候開始憎恨，變得憤世嫉俗。

不該對愛感到失望，如果大家知道愛和性慾之間的差別，也不會感到失望了。最大的差別是，愛是精神層次的，而性是生理層面的；愛是化學作用，性是物理作用。透過精神力量觸碰人心的經驗，不可能會有害，除非處於無知或嫉妒的狀態。

愛無疑是人生中最棒的體驗。帶領人與無限智慧結合。**當愛與浪漫及性慾結合，可以帶人進入更高的創意層次。愛、性慾、浪漫是天才達成成就的永恆三角，這是大自然創造天才的唯一方式**。

愛有很多面向、明暗及色彩。對於父母或子女的愛，和對情人的愛很不一樣。對情人的愛又結合了性慾，對其他人則沒有。

對於真摯友誼的愛和對情人、父母子女的愛並不一樣，但也是某種形式的愛。

還有一種對於非生物的愛，像是對大自然的工藝品所萌生的愛。在各式各樣的愛中，最強烈的就是結合了愛和性慾。婚姻中若缺乏適當平衡的愛與性，不可能真的快樂美滿，往往也難以持續。只有愛無法為婚姻帶來快樂，只有性也無法，但在兩種美妙的情緒結合下，婚姻能引發接近靈性的心理狀態，是人世間其他情況所無法體會的。當浪漫的情緒再加入愛與性，就能排除人類有限心智與無限智慧之間的阻礙，達到天才的境界，並能掌握致富法則。

潛意識

連結

致富法則11

潛意識是一個意識層，所有衝動想法或透過任何一個感官進入客觀大腦的感覺，在此被歸類、記錄，然後可以被憶起或提取，就像從檔案櫃中拿出信件一樣。

潛意識接收這些感官印象或想法，並將其歸檔。你可以自願在潛意識中種下任何渴望轉換為等同實體或財富的計畫、想法、目的。對於已經和其他情緒結合（比如信念）主導的渴望，潛意識會優先處理。

回想第一章提到渴望時講到的六個行動步驟，還有第六章談到擬定並執行計畫的指示說明，就能理解上面講到思想的重要性。

潛意識的運作不分晝夜。實際做法或流程為何我們還不清楚，但潛意識利用無限智慧的力量，自動將渴望轉換為等同實體，永遠都採用最實際的管道達成目的。

你無法完全控制潛意識，但可以主動把任何想要轉化為實體的計畫、渴望或目的傳遞進去。重讀一次第三章如何運用潛意識的方法。潛意識連接了有限的人類心智與無限智慧，有非常多證據支持這個說法。潛意識是可以隨心所欲從無限智慧提取力量的媒介，可以將心智上的衝動經修正轉換為等同的精神存在。潛意識本身就是媒介，禱告可藉此傳遞到信仰的來源，並獲得回應。

與潛意識相關的創意可能性很驚人，也難以估量，啟發的靈感強大得令人生畏。我每次討論到潛意識的時候，總是備感渺小且自卑，或許是因為我們對於這個主題的了解太有限。潛意識是連結人類心智與無限智慧之間的媒介，光是這點就足以癱瘓一個人的判斷思考能力。

在你接受潛意識的存在，並理解潛意識可以作為媒介，將渴望轉換為等同實體後，你就會徹底了解第一章關於渴望的重要性。你也會了解為什麼我反覆提及，要弄清楚你的渴望，並用白紙黑字寫下。你也會了解堅持執行指示的必要性。

致富十三個法則中提到的所有指示說明都是刺激，你可以透過這些刺激去觸及並影響潛意識。如果第一次嘗試失敗，不要氣餒。不要忘記，潛意識只能透過習慣被刻意引導，用第二章關於信念的指示做法，要有耐性堅持下去。

重複說明這些內容，對你的潛意識有好處。記住，**你的潛意識會自動運作，不管有沒有刻意影響它**。這也是說，恐懼與貧窮的想法，還有所有負面想法都會對你的潛意識形成刺激——除非你能用更有益的素材餵養你的潛意識。

潛意識不會閒置！**如果你不在潛意識種下渴望的種子，潛意識就會接收其他送來的素材**。之前解釋過，負面與正面的衝動想法都會從四個來源持續進入潛意識。

你只要記得，你每天都身處於許多衝動意念中，這樣就夠了，這些想法在你沒有意識到的狀況下進入潛意識，有些是負面的，有些是正面的。你現在要試著不讓負面的想法進入，並讓正面的渴望影響你的潛意識。

當你做到這點，就能打開潛意識的大門。而且還能完全掌控這扇大門，所有不想要的想法都再也不能影響你的潛意識。

人類創造的所有事物都從一個衝動意念開始。要先形成想法，才能創造。透過想像力的協助，衝動意念才能變成計畫。經過控制的想像力來擬定計畫或目標，帶領人在所選擇的領域中有所成就。

所有要轉化為等同實體並主動植入潛意識中的衝動想法，一定要透過想像力，並與信念結合。只有透過想像力才能將信念結合計畫或目的，並送到潛意識。

從以上內容你將能立刻觀察到，要主動使用潛意識，必須要協調並運用本書提到的所有成功原則。

艾拉·威爾考克斯在寫下以下這段話的時候，就證明了她對潛意識力量的理解：

你永遠不知道一個想法
能帶來恨或愛——
因為想法會成真，其翅膀比信鴿還要敏捷迅速。
它們遵循宇宙的法則——所有的事物都有其創造，
將你腦中想法加速帶回給你。

威爾考克斯知道，一個人的想法也深深根植於潛意識，就像磁鐵、模式或藍圖一般影響著潛意識，而潛意識又再將這些想法轉化為等同實體。想法是真實的存在，因為所有物質都是從「想法能量」的形式開始。

啟動潛意識的控制力

結合情感或情緒的衝動意念更能影響潛意識，單純從理智出發的想法影響力則比較小。事實上有很多證據證明，只有結合情緒的想法能影響潛意識去採取行動。大家都知道，大多數人都受到情緒或感覺主宰，而潛意識對於結合情緒的衝動意念反應得比較快，也比較容易被影響，那麼去了解情緒便很重要。有七個主要正面情緒與七個主要負面情緒，負面情緒會自動灌輸到衝動意念中，確保能進入潛意識。正面的想法則必須透過自我暗示的原則灌輸到想要送進潛意識的衝動意念中。

這些情緒或衝動就像是麵包中的酵母，包含了行動作用的元素，能將衝動意念從被動化為主動。至此或許就能理解相較於純粹從冷冰冰理性出發的想法，為什麼結合情緒的想法更容易被實踐。

你正在準備影響並控制自己潛意識的「內在觀眾」，目的是要將對財富的渴望交付給潛意識，希望潛意識能將渴望轉換等同的財富。因此，了解如何觸及這個內在觀眾的方法很重要。你一定要用它能理解的語言與之對話，不然它不會聽到，而潛意識最了解的語言就是情緒或感覺。以下說明七個主要正面情緒和負面情緒，你在給予潛意識指示時，就可以利用正面的情緒，並避免負面的情緒。

七個主要正面情緒

渴望的情緒
信念的情緒
愛的情緒
性慾的情緒
熱情的情緒
浪漫的情緒
希望的情緒

還有其他正面情緒，但以上七個是最強而有力、在創意活動中最常使用的情緒。掌握這七個情緒（情緒只能透過使用才能變得熟練），當你需要時，其他正面情緒也能為你所用。記住，這裡是要藉由在你腦中填滿正向情緒，幫助你培養金錢意識，腦中都是負面情緒不可能培養出金錢意識。

七個主要負面情緒

（請避免這些情緒）

恐懼的情緒
嫉妒的情緒
復仇的情緒
貪婪的情緒
迷信的情緒

憎恨的情緒 憤怒的情緒

正面與負面情緒不會同時出現，一定會由其中一種主導。你有責任確保心智主要受到正面情緒影響，這時習慣法則就派上用場了。培養使用正面情緒的習慣！最終，這些情緒會徹底主導你的心智，讓負面情緒無法進入。

唯有照著這些指示做，並持續執行，你才能控制潛意識。光是意識層中一個強大的負面情緒或感覺，就足以摧毀潛意識提供所有機會。

如果你善於觀察，會注意到大部分人只有在沒路走的時候才會禱告，不然他們只是儀式性地說著沒有意義的話語。也正因為這樣，他們禱告時心中充滿了恐懼和疑慮，潛意識會根據這些情緒執行，並傳送到無限智慧。同樣地，無限智慧接收到這些情緒，並將其轉化成真。

祈禱是與無限智慧的溝通方式

如果你在禱告時，一邊害怕你得不到所求的東西，或你的禱告不會被無限智慧接收並成真，那你的禱告只是徒勞。

禱告有時候的確會成真。如果你曾有成真的經驗，回想一下當初禱告時的心情，你會知道這裡的理論不只是說說而已。

總有一天，我們國家的學校和教育機構會教學生「禱告的科學」。當這一天到來時（當人類準備好並想要知道的時候，這一天就會到來），沒人會用恐懼的心去觸及無限智慧，因為不會再有恐懼的情緒存在。無知、迷信和錯誤的教導都將消失，人類將會達到真正屬於無限智慧之子的狀態。少數人很幸運的已經達到這個境界。

如果你認為這個預言太過誇張，可以回顧一下人類歷史。不到一百年前，人們相信閃電是神在發怒，並因此感到恐懼。現在多虧了信念的力量，我們能夠駕馭閃電，推動工業的進展。不到一百年前，大家認為行星之間什麼都沒有，一片死寂，空無一物。現在多虧信念的力量，我們知道行星間並非一片死寂，而是充滿許多神祕的物質及能量等。不僅如此，有證據顯示這些充滿各種原子及空間的活躍能量，以我們還無法理解的神祕方式，將人類的大腦互相連結在一起。

有限的人類心智與無限智慧之間沒有收費站，彼此溝通無需費用，只需要耐性、信念、堅持、理解，以及想要溝通的真誠渴望。此外，只能透過個人取得聯繫。付費禱告毫無用處，無限智慧不會和代理人打交道。要不直接聯繫，不然就不要溝通。你可以買祈禱書來不斷複誦，直到末日審判的那一天也不會有用。你想要和無限智慧溝通，只能透過自身的潛意識。你和無限智慧溝通的方式，就像透過廣播傳送出來的聲音振動。如果你了解廣播運作的原理，就知道聲音要先增強轉為人類耳朵無法察覺的振動頻率，才能透過電波傳播出去。廣播的處理及傳輸機器將人類的聲音轉換為幾百萬倍的振動。只有透過這個方式，才能將聲音的振動傳遞到數百或數千英里之外。在這個轉換之後，原始的聲音振動變成了高能量的電磁波，透過電波傳播到收音機，此時再將能量還原成聲音。

第12章

大腦

思想的廣播及接收站

致富法則12

二十年多年前，我和亞歷山大．格拉漢姆．貝爾博士（Alexander Graham Bell）以及艾爾摩．蓋茲博士一起工作，觀察到所有人類大腦同時是衝動意念的「廣播」及「接收」站。

在適當的情況下，透過類似廣播原理的方法，每個人類大腦都能「接收」到來自他人大腦的衝動意念。

延續上一章的內容，再想想第五章關於創意想像的描述。創意想像是大腦接收的部分，會處理來自他人大腦發送出來的想法。這是人類的意識或理性面以及能接收想法刺激的四個來源之間的溝通媒介。（四個來源就是無限智慧、一個人的潛意識、另一個人「高能量」的意識層、另一個人的潛意識倉庫。）

因為有創意想像，直覺彷彿憑空出現，兩個或更多人密切合作並高度專注時，也會因為創意想像的協助，而彷彿猜到另一個人的下一個想法、行動、洞見，甚至是實際要說的話。

當心智受到高度刺激或增強時，就更容易接收到來自其他來源的衝動意念。增強的過程受到強烈情緒驅使，可能是正面情緒或負面情緒。

人類腦中的思想就有如電能。只有高度增強或「給予了能量」的衝動想法會透過目前還難以理解的神祕過程，從一個人的大腦傳送到另一個人的大腦。唯有經由任何一個主要情緒調整或增強的想法，才能透過人類大腦的「廣播機器」從傳送到另一個大腦。

就強度及驅動力來說，性的情緒是所有人類情緒中最強烈的。相較於沒有性慾刺激的大腦，受此情緒刺激的大腦擁有更多能量。（這裡再次重述，「受到性慾刺激」指的是有活力且強烈的性能量，但受到控制、引導，並以合適管道發洩。）

性慾轉換的結果會讓想法和思考過程充滿能量，幫助創意想像非常容易就接收到想法，彷彿憑空出現。當大腦在高能量的狀態下運作時，不僅會吸引其他大腦發送出來的想法和點子，同時也會給予自己的想法情緒感覺，對於讓想法被潛意識接收並執行非常重要。

因此，廣播原則就是你將感覺或情緒與自己的想法混合，並送到潛意識的方法。

潛意識是大腦的傳播站，衝動意念在此被廣播出去。創意想像是接收組，衝動意念在此被接收。在講到潛意識的重要影響因素和創意想像的功能時（這兩者構成了大腦廣播的傳播與接收功能），也思考一下自我暗示的原則。自我暗示是一個媒介，你可以透過自我暗示執行腦中的廣播站。

相較之下，你的大腦廣播站運作方式很簡單。要使用這個廣播站，要記得並運用三個要素——潛意識、創意想像、自我暗示。先前提過將這三個力量付諸實行所需要的刺激。這個流程從渴望開始。

我們都受到無形力量控制

這個世界已經快要能理解無形力量。從古至今，人們太過倚賴五感，知識也局限於實際能看到、觸碰得到、能估算計量的事物。

我們正進入最不可思議的時代，將會教導我們身處世界中的無形力量。說不定我們會在過程中學到，「另一個自我」比我們照鏡子時看到的有形自我更加強大。

有時候人們輕忽了無形的事物，即無法用五感察覺到的事物——當我們聽到有人這樣說的時候，**要記得我們所有人都受到看不見的無形力量控制**。

人類整體並沒有力量能夠面對或控制大海般的無形力量。我們還沒有能力了解重力的無形力量，得以讓小小的地球能停在空中，讓我們不至於掉落，更別說控制這股力量了。我們面對大雷雨的無形力量只能俯首稱臣，面對電的無形力量也顯得無助，我們還無法完全理解電是什麼、來自哪裡、最終用途是什麼。

這絕對不是我們對看不見的無形事物最無知的事情了。我們不了解土壤及地球上資源所蘊藏的無形力量（與智慧）——這個力量提供了我們吃的每一口食物、我們穿的每一件衣服、我們口袋裡裝的每一分錢。

大腦的戲劇化故事

以文化及教育感到自豪的我們，對思想的無形力量知道的太少，甚至毫無所知。我們不太了解大腦和其廣大精密的網絡，思想的力量透過這個網絡轉換為等同的實體，但我們正進入一個新時代，對這個議題將有所啟發。科學家早就開始研究驚人的大腦，雖然研究還在很初期的階段，但已經得到足夠的發現，知道人類大腦的「主配電盤」上，大腦細胞彼此的連結數是一再加上一千五百萬個零！

「這個數字非常驚人」，芝加哥大學的賈德森．赫里克博士（Judson Herrick）說道：「幾億、幾千萬光年的天文數字，相較之下微不足道……人類大腦皮質有一百億到一百四十億個神經細胞，我們知道這些細胞都是以明確的構造組成，並非隨意構成，是有條理的。最近發展出的方法……從精確定位細胞的動作電位……將其放大……記錄到百萬分之一伏特的可能差異。」

很難想像，這麼精密複雜的網絡純粹是為了執行成長過程中的生理功能，以及維持身體的運作。這個給予數十億大腦細胞彼此溝通的系統，也很有可能提供我們與其他無形力量溝通的方法嗎？

寫完這本書，正準備把稿件送給出版社時，《紐約時報》刊登了一篇社論，可以知道至少有一所很好的大學以及在心理學領域傑出的研究者，正在進行一項有組織的研究，他們的結論與本章及後面的看法一致。這篇社論簡短地分析了萊因博士（Rhine）和杜克大學的同事一起進行的研究。

什麼是心靈感應？

一個月前，我們引用了萊因教授及杜克大學同事的驚人研究結果，這個研究進行了十幾萬次的測試，想知道心靈感應與透視是否存在。概要結果刊登在《哈潑雜誌》的頭兩篇文章中。在第二篇文章中，作者E．H．萊特（E. H. Wright）針對這些「超感官」感知能力的確切本質，試圖概括說明研究中發現或合理推論的結果。

經由萊因的實驗結果，現在有些科學家認為心靈感應和透視極有可能存在。許多有感知力的人被要求盡可能說出一副特別卡片中的內容，但不能看也不能用其他感官接觸到卡片。實驗發現大約有二十幾人能夠正確說出卡片內容，「因為運氣或意外做到這點……這是百萬分之一都難有的機會。」

但他們怎麼做到的呢？假設這些力量真的存在，應該不是感官的力量，沒有任何器官能夠辦到。這些實驗不管是在一個房間內，或是數百英里外的距離都適用。萊特先生認為，這些結果也排除了那些試圖透過任何輻射物理理論解釋心靈感應和透視的看法。所有已知形式的輻射能與距離的關係遵從平方反比定律，心靈感應和透視則沒有。但這兩者的確會因為生理的原因而有不同，就像我們其他的心理力量一樣。和普遍看法恰恰相反，這兩種能力不會因為能感知的人在睡覺或半夢半醒間而變好，相反的，是在最清醒且機靈的時候會增強。萊因博士發現，毒品會降低受試者的表現，而刺激則會讓受試者的表現變得更好。顯然，最可靠的受試者只有盡力表現時，才能拿到好的分數。

萊特頗有信心地下結論，心靈感應和透視都是同樣的天賦。也就是說，能「看到」一張面朝下的卡片內容，和能夠「讀出」別人腦中的想法是一樣的。有幾點可以支持這樣的說法。舉例來說，截至目前為止，任何能使用其中一種能力的人，都擁有這兩種天賦。這兩種能力都一樣活躍，幾乎是一樣的。螢幕、牆壁、距離對兩者都沒有影響。萊特由此下結論，他想提出的只是一個直覺，他認為其他超感官的經驗、預言性的夢、對災害的預感等等，說不定都屬於同一個感官。除非必要，讀者無需接受以上任何結論，但萊因所提出的種種證據確實相當驚人。

* * *

針對萊因博士所述，心智對於他所稱之為「超感官感知」反應的狀況，我很榮幸再補充一點，我和同事發現了一個理想的情況，在這個情況下心智會受到刺激。

我所提到的情況是由我和另外兩位同事組成的緊密工作關係。透過實驗和練習，我們發現可以如何刺激我們的心智（透過下一章「無形顧問」的原則），透過「結合」三個人心智變成一個心智的過程，我們能夠為許多問題找到解方。

流程很簡單。我們聚在一個會議桌上，清楚說出正在思考的問題本質，接著開始討論，每個人都貢獻想法。這個刺激心智方法的奇怪之處在於，讓每位參與者都與其經驗之外的未知知識來源溝通。

如果你記得第九章的智囊團法則，一定會發現這裡提到的圓桌流程就是智囊團的實際運用。透過三個人和諧友好地討論一個明確主題，這個刺激心智的方法展現出智囊團最簡單也最實際的運用方式。藉由採納並遵循一個簡單的計畫，任何學習這個道理的人，都可以得到在「序言」中簡短提到的著名卡內基公式。如果你現在讀起來沒什麼感覺，先把這頁標記起來，等讀完最後一章再重看。

第13章

第六感

通往智慧殿堂之門

致富法則13

最後一個致富法則是第六感，無限智慧也會透過第六感主動溝通，不需經由個人的努力或要求。

這個法則是思考致富的頂峰。唯有先掌握了前面提到的十二個法則才能吸收、理解和運用。第六感就是潛意識中被稱為創意想像的部分。在前面也被稱為「接收組」，點子、計畫、想法透過這個接收組湧現腦中。這些靈光閃現有時被稱為直覺或靈感。

第六感無法被描述！無法向還沒掌握成功之道其他原則的人說明第六感，因為他們沒有足夠的知識或經驗去比較第六感。要了解第六感，只能透過來自內在心智發展的沉思。第六感最有可能是有限的人類心智與無限智慧彼此溝通的媒介，因此結合了心智與精神心靈層面。這被認為是人類心智觸及無限智慧的地方。

掌握本書的所有致富法則後，你已經準備好接受以下事實，在那之前以下這段話對你來說可能很難以置信：

透過第六感的協助，你能及時獲得警告避開即將發生的危險，也能及時得到訊息，去擁抱可能的機會。

發展第六感，會有「守護天使」來幫助你，通往智慧殿堂的大門將隨時敞開。

我不相信也不擁護奇蹟的存在，因為我夠了解大自然，知道大自然永遠不會偏離確立好的法則。其中有些法則難以理解，導致結果看起來有如奇蹟。第六感就像奇蹟，而這是因為不了解這個原則運作的方法。

我知道的就這麼多：有一股力量，或「第一因」或「智慧」滲透所有原子，擁抱人類心智可以感知的所有能量，而無限智慧將橡實轉化為橡樹，依照重力的法則讓水往下流，遵循日升月落、冬去春來的節律，所有的事物都有其合適位置，彼此間有其合適關係。這個智慧可能會透過思考致富之道，將渴望轉化為物質形體。我知道是因為我曾經實驗過，也曾經體驗過。

透過前面一個法則一個法則的說明，現在到了最後一個法則。如果你已經掌握了前面的法則，現在就能毫無疑慮地接受這裡提出的驚人主張。如果你還沒掌握，就無法掌握這一章的虛實。

模仿英雄，成為英雄

我從來沒有完全擺脫英雄崇拜的習慣，雖然過了很容易會英雄崇拜的年紀。經驗告訴我，如果不能超凡出眾，那退而求其次就是去仿效那些了不起的人，透過感覺及行動，盡可能地模仿。

早在我開始寫作或公開演說之前，就培養了一個習慣，透過模仿我認為生活及成就都最了不起的九位人物，藉此重新塑造我的性格。這九個人分別是愛默生、湯瑪斯．潘恩（Thomas Paine）、愛迪生、達爾文、林肯、路瑟．波本克、拿破崙、福特和卡內基。有很長一段時間，每天晚上我會在腦中與這群人開一個想像的會議，我將他們稱為無形的顧問。

進行方式如下。晚上準備睡覺前，我會閉上眼睛，想像這群人和我一起坐在會議桌前。在這個會議中，我不僅有機會和我覺得最了不起的人坐在一塊，我還以主席的身份主導這個群體。

在張開眼睛之前，我先向你保證我沉浸在這些夜晚會議的想像中，有著非常明確的目的。我的目的是要重新塑造自己的性格，讓我的個性中融入這些想像顧問的性格特色。我從很早的時候就知道，必須克服出生於無知與迷信環境的影響，因此刻意賦予自己這個任務，透過以下描述的方法重生。

透過自我暗示塑造個性

身為認真的心理學學生，我當然知道，所有人之所以成為自己的樣子，源自於自己心中主導的想法和渴望。我知道所有深切的渴望都能影響人去向外尋找表達方式，讓這股渴望成真。我知道自我暗示是塑造性格非常強大的因素，事實上也是性格塑造唯一的原則。

知道了心智運作的原則後，我就有足夠的必要資源來重塑性格。在想像的會議中，我請成員提供希望他們貢獻的知識，用自己可以聽見的聲音說：

「愛默生先生，希望能學習您對大自然驚人的了解，您因為這些知識而有卓越成就。我請您影響我的潛意識，提供你擁有的特質，幫助你了解並適應大自然法則的特質。請您幫助我得到並運用任何可得的知識來源，達到這個目標。

「波本克先生，請您傳授那些讓您可以和諧運用大自然法則的知識，您因為這些知識得以去除仙人掌的刺，並讓仙人掌成為可食用的食物。您讓本來只能長出一片葉片的草長出了兩片，您混合了花朵顏色，變得更繽紛和諧，您靠自己就成功讓一切『錦上添花』，請讓我也能獲得那些知識。

「拿破崙先生，我希望能仿效您，獲得您啟發他人，讓他們變得更好、決心採取行動的卓越能力。我也想獲得恆久信念的精神，您因此能轉敗為勝，克服困難的阻礙。命運的皇帝、機會的國王、命中注定之人，我向您致敬！

「潘恩先生，我想從您那裡獲得思想自由、勇敢且清楚明確地表達信念，您因這點而超脫不凡！

「達爾文先生，我希望能獲得您不可思議的耐性和能力，不帶成見或偏見去研究因果關係，您在科學界以自己為例展現了這樣的風範。

「林肯先生，我希望能在自己性格中建立熱切正義、持久耐性、幽默感、對人性的理解、忍耐力，這些都是您所具備的出眾特質。

「卡內基先生，我非常感激您給了我畢生志業的選擇，這個選擇給予我極大的快樂和平靜。我希望能徹底理解組織管理的原則，您如此有效運用這個原則，建立了一個龐大的企業帝國。

「福特先生，在所有提供我工作素材的人當中，您是幫助最大的。我希望能獲得您堅持的精神、決心、鎮靜、自信，您因為這些特質而能克服貧困，組織、團結並簡化人力，我希望能藉此幫助更多人向您學習。

「愛迪生先生，我安排您坐在我的右邊，因為在我研究成功與失敗原因的過程中，您提供了個人的協助。我希望能獲得您了不起的信念，您因此發現了許多大自然的祕密，因為不懈努力的精神，您往往能轉敗為勝。

開啟想像的神奇之門

我向這群想像顧問說話的方式，會因為我當下最感興趣的特質而有不同。我努力研究他們的生平，在實踐這個夜間儀式數月之後，我驚訝地發現，這些想像的人物成真。

這九位人物各自發展了其特色，我深感驚訝。舉例來說，林肯習慣永遠晚到一些，再以莊嚴的步伐出現。他步伐緩慢，雙手放在背後，有時候經過我時，會停下來短暫將手放在我的肩上。他總是一臉嚴肅，我很少看到他笑。他因操心國家分裂而態度嚴肅。

但其他人就不是這樣。波本克和潘恩常常妙語如珠，但有時候會嚇到其他成員。有天晚上，潘恩建議我準備一個關於「理性時代」的演講，然後在我之前去的教會講道臺上演說。圍繞桌邊的許多人聽到後都開懷大笑。但拿破崙可沒有！他嘴角下垂，發出很大的抱怨聲，聲音大到大家都驚訝地看著他。對他來說，教會不過是國家的棋子，不是用來改革，而是用來作為煽動群眾活動的方便做法。

有一次波本克遲到了。他抵達時興奮地解釋他因為做一個實驗所以遲到，他希望透過這個實驗可以在任何樹上種蘋果。潘恩責罵他，還提醒說，蘋果就是男人與女人之間各種麻煩的開始。達爾文一邊開心笑著，一邊跟潘恩說，他去森林採集蘋果時要注意小蛇出沒，因為牠們往往會長成大蛇。愛默生則說：「沒有蛇就沒有蘋果，」拿破崙也說：「沒有蘋果，就沒有國家！」

林肯習慣每次開會都是最後一個離開。有一次，他雙手抱胸傾身向前，維持這個姿勢好幾分鐘。我沒有打斷他。最後，他慢慢抬起頭，站起來走向門口，接著又走回來，將手放在我的肩膀上說：「孩子，你如果要持續地堅定執行你人生想達成的目的，一定要很多勇氣。但記住，當困難將你擊倒時，一般人會有常識。逆境會發展出這樣的常識。」

有天晚上，愛迪生比其他人都早到。他坐在我的左邊，通常是愛默生的位子，他跟我說：「你注定要發現生命的祕密。當那個時刻到來時，你會發現生命充滿豐沛的能量，像人類以為的一樣充滿智慧。這些生命的單位集合起來，就像蜂巢一樣，到不再和諧時才會瓦解。這些單位各自有不同的意見，跟人類一樣，而且往往會彼此鬥爭。你主持的會議對你非常有幫助，會為你帶來某些能解救你的生命單位，而這些生命單位也同樣出現在會議成員的生命中。這些單位是永恆不滅的。你的想法和渴望就像是磁鐵，會從外面廣闊的人生之海吸引生命單位前來。只有友好的單位會收到吸引——也就是那些與你渴望本質和諧一致的單位。」

其他成員陸續進到會議室。愛迪生站起來，慢慢走到他的位子。這件事發生時，愛迪生還在世。我印象極為深刻，深刻到親自去找他並告訴他這個夢。他給了我一個很大的微笑，說道：「你的夢比你想得還要接近真實。」他沒有進一步解釋這句話。

這些會議變得非常真實，我開始有點害怕這些會議帶來的後果，於是暫停了好幾個月。這些經驗如此不可思議，我害怕如果繼續進行，會忘記這些會議只是我的想像。

我暫停這個練習半年後，有天晚上我醒來，或者我以為我醒來，看到林肯站在我床邊。他說：「這個世界很快就會需要你的服務。世界將會陷入混亂，人們會失去信念，開始焦慮。繼續你的工作，完成你的哲理，這是你人生的任務。如果你因為任何原因疏忽了，你將會被降為原始狀態，被迫再次走過已經走過幾千年的循環。」

隔天早上，我沒辦法確定我到底是做夢還是真的醒來，但如果真的是夢，那個夢在我腦中是如此真實，真實到我隔天晚上就重啟了會議。

下一次會議時，所有成員魚貫而入，站在他們固定的位子上，林肯舉杯說道：「各位，讓我們舉杯敬酒，慶祝我們的朋友又重回這個行列。」

後來，我又在這個顧問團加入了新成員，很快成員就超過五十人，包括基督、聖保羅、伽利略、哥白尼、亞里斯多德、柏拉圖、蘇格拉底、荷馬、伏爾泰、史賓諾莎、康德、叔本華、牛頓、孔子、艾爾伯特．胡柏、伍德羅．威爾遜、威廉．詹姆士。這是我第一次有勇氣將這件事寫下來，之前我一直保持沉默，因為在我的經驗裡，如果說出這些不尋常的經驗會被誤解。我現在有勇氣把這個經驗寫下來，是因為現在我已經沒有那麼在意「他們說的話」。成熟的好處之一就是，有時候能給人更多說實話的勇氣，不管那些不懂的人怎麼想或怎麼說。

為了避免被誤解，我還是想要嚴正強調，我將與顧問團的會議視為想像的事件。雖然那些成員是虛構的，會議也只存在我的想像之中，但他們帶領我通往了光榮的冒險，重新燃起我對真正偉大的欣賞，鼓勵我創意發揮，也給予我勇氣去表達誠實的想法。

善用你的第六感

在人類大腦細胞結構中，有個部分能接收稱為直覺的思想振動。截至目前為止，科學家還沒發現第六感所處的位置，但這並不重要。事實是人類的確會從非五感感官的來源，接收到正確的知識，通常是在心智受到異常刺激時接收到的。任何引發情緒、導致心跳加倍的緊急事件，往往會引發第六感採取行動。任何在開車時曾經差點發生車禍的人都知道，在這樣的情況下，第六感往往會解救我們，在那個瞬間幫我們躲過意外。

前面講這麼多就是要帶到接下來這句話。**我發現自己在和這些隱形的顧問開會時，最容易接收透過第六感傳遞的點子、想法和知識**。我可以很誠實地說，我在靈感中得到的點子、資訊或知識，完全是透過我的隱形顧問得到的。

幾次碰到危急關頭，有些嚴重到陷入生死交關，卻因為隱形顧問的影響，奇蹟似地引導我走過這些艱困時刻。

我想要和這些人物開會，最初只是希望能透過自我暗示，導入我渴望獲得的性格特質，在潛意識裡留下印記。近幾年，我的實驗已經朝著完全不同的方向進展。我會帶著遇到的所有難題，去找想像的顧問們，結果往往相當驚人，雖然我並沒有完全倚賴這種形式的諮詢方式。

大多數人都不熟悉這一章的主題。但對於要累積鉅富，或達成任何偉大成就的人來說，第六感是很好也很有幫助的主題，而沒那麼強烈渴望的人不會注意到。

亨利．福特必定了解並實際採用了第六感。他擁有龐大的企業和財務運作，必須了解並使用這個原則。湯瑪士．愛迪生了解並採用了第六感進行發明，尤其是需要基本專利的發明，他在那個領域沒有個人或累積獲得的經驗，就像是他在發明留聲機和電影放映機時的狀況。

幾乎所有偉大的領導者，像是拿破崙、俾斯麥、聖女貞德、耶穌、佛祖、孔子、穆罕默德等，都了解並持續地使用其第六感。他們能達成偉大成就，很大一部分是因為他們運用第六感這個原則。

第六感並不能隨心所欲說用就用，說不用就不用。要運用這個了不起的能力，需要時間，以及透過運用本書提到的其他法則後才能獲得。很少人能在不到四十歲就獲得實際運用第六感的知識。很多時候，要到超過五十歲才能獲得這個能力，因為和第六感密切相關的精神力量要經過多年的沉思、自我檢視、嚴肅思考後，才會變得成熟。

不管你是誰，不管你讀這本書的目的為何，就算不理解這章說的原則，還是能因此獲益。如果你最主要的目標是累積財富或其他物質，更是如此。

加入第六感的章節，是因為我希望能提供完整的致富之道，讓讀者能準確地依照指示達成人生目標。渴望是所有成就的起點，終點則是取得以下知識：了解自己、了解他人、了解大自然的法則、了解並發現快樂。

要能夠完全理解，必須熟悉使用第六感，因此，為了幫助那些不只渴望金錢的人，必須將這個原則放進致富之道中。

讀完本章後，你會發現在閱讀過程中，已經被提升到心智刺激的更高層次。太棒了！一個月之後再重讀這章，觀察你的心智是否被提升到更高的層次。每隔一陣子就這麼做，不要管你當下學到多少，最後你會發現自己獲得一股力量，讓你能拋開灰心沮喪、掌握恐懼、克服拖延症，並自由運用你的想像力。然後你就會感受到那股不知名的力量，所有真正了不起的思想家、領袖、藝術家、音樂家、作家、科學家或政治人物，都受到這股動人精神的影響。接著你便已準備好，能夠容易將渴望轉換為等同的實體或財富，就像從前一看到阻撓便放棄那樣容易。

信念 vs. 恐懼

前面幾章提到如何透過自我暗示、渴望、潛意識培養信念。這本書的最後會詳細說明該如何克服恐懼。

這裡會提到六種恐懼，這些恐懼造成了灰心沮喪、膽怯、拖延、冷漠、優柔寡斷、缺乏企圖心、沒有自立的能力、無法採取行動、缺乏自制力、缺乏熱情等狀況。在研究這六個敵人時，也仔細檢視自己，它們可能在你的潛意識裡，很難被察覺。也請記得，這些恐懼什麼也不是，只是鬼魂罷了，因為它只存在於你的腦袋中。別忘記，心魔是不受控的想像力產物，是人們對自我心智造成傷害的主要來源；因此，心魔也可能非常危險，彷彿活生生行走在這世上。

後記

如何戰勝恐懼的六個心魔

如何戰勝恐懼的六個心魔

讀以下內容時，檢視自己並看看符合哪些描述？有多少心魔阻礙了你往目標前進？

在你成功運用思考致富之道前，心智要先準備好接受這些道理。準備並不難。先從研究、分析並了解你必須排除的三個敵人開始。

這三個敵人分別是優柔寡斷、懷疑和恐懼！

如果你腦中有這三個或其中一個敵人，第六感就無法運作。這個不神聖的金三角組合彼此緊密相關。找到了一個，另外兩個也不遠了。

優柔寡斷是恐懼的根源！閱讀過程中要記得這點。優柔寡斷會鞏固懷疑，兩者結合之後就變成恐懼！結合的過程往往很緩慢。這就是為什麼這三個敵人如此危險的原因之一，它們會在不被發現的狀態下成長茁壯。

本章最後會提到在實際運用思考致富之道前，要先達成的目標。也會分析造成許多人貧困的原因，並說明所有想要累積財富的人都必須了解的事實，不管他們的目標是金錢或比金錢更有價值的心態。

接下來讓我們把焦點轉到「六個基本恐懼」的原因及解方。在攻克敵人之前，必須先知道敵人的名字、習慣、棲息地。在閱讀過程中一邊仔細分析你自己，看看你身上是否任何一個恐懼。不要被這些低調敵人的習慣欺騙，有時候它們會藏在潛意識中，很難被找到，更難被消滅。

六個基本恐懼

總共有六個基本恐懼，每個人類都曾遭受其中幾種恐懼的組合所折磨。大部分的人都很幸運，沒有受到所有六個恐懼所苦。以下以最常出現的順序排列，分別是：

貧窮的恐懼（大部分的人最擔憂的事情）　**失去愛的恐懼**

批評的恐懼　**年老的恐懼**

生病的恐懼　**死亡的恐懼**

其他恐懼沒有這六個重要，也都可以被歸納在這六個恐懼之內。

這些恐懼太過普遍，就像是對世界的詛咒，會不斷循環出現。有將近六年的時間，當時經濟大蕭條還沒結束，我們深陷貧窮恐懼的循環之中。在第一次世界大戰期間，我們處於死亡的恐懼中。戰爭結束之後，我們處於生病恐懼的循環中，當時的傳染病傳播到了世界各地。

恐懼只是一種心理狀態，就像本書不斷提到的，**人的心理狀態可以被控制及引導**。

人要先透過衝動意念的形式孕育出想法，才有辦法開始創造。接下來更重要，就是衝動意念會開始立刻轉化為等同的實體，無論那些想法是有意或無意。從外界偶然接收到的衝動意念（他人的想法），可能會決定一個人的財務、事業、專業或社交上的命運，就和刻意創造出來的衝動想法一樣。

我要說明一個非常重要的事實，向那些不了解的人說明，為什麼有些人似乎很幸運，但其他有同樣或更好能力、訓練、經驗、智商的人，卻會變得不幸。可以透過以下這段話來解釋：每個人都有能力可以控制自己的心靈，透過這種控制能力，所有人都能將心靈敞開，接收其他人「路過」的衝動想法，或者將大門緊閉，只讓自己選擇的想法進入。

大自然給予人類對唯一一樣東西的完全控制力——就是想法。再加上人類創造的所有事物都由想法、一個點子開始，知道這些能讓我們更靠近克服恐懼的原則。

所有想法都傾向將自己轉換成等同的實體，這是無庸置疑的，恐懼和貧窮的想法無法被轉換成勇氣或金錢，也是真的。

一九二九年華爾街崩盤後，美國人開始思考貧困的問題。慢慢的，大眾的想法集結，形成等同的實體，也就是大蕭條。這必定會發生，因為符合大自然的法則。

貧窮的恐懼

貧困與富裕兩者無法妥協。通往貧窮的道路與通往富裕的道路方向完全相反。想要變得富有，你一定要拒絕任何會導向貧困的情況。（此處的「富裕」是廣義用法，泛指財務、精神、心理和物質的狀態。）通往富裕的起點是渴望。在第一章中你得到正確使用渴望的完整指示。本章則提供完整的指示，幫你準備好實際運用渴望。

在這裡給自己一個挑戰，就能明確知道你到目前為止吸收了多少本書內容。在這裡，你可以暫時預言，知道未來有什麼正等著你。讀完以下內容後，你如果願意接受貧困，不妨就下定決心迎接貧窮，這是你無法擺脫的的人生。

如果你想要追求致富，就決定好你想要哪種形式的財富，要得到多少才會感到滿足。現在你應該了解通往財富的道路怎麼走，本書就是指示，好好遵循就不會迷路。如果你一直沒開始，或在抵達前就停下腳步，只能怪自己，責任在你，沒有任何藉口能讓你擺脫這個責任。如果你現在沒能或拒絕追求人生的財富，只會有一個原因：你沒能控制住心態，這是你唯一能真正控制的東西。心態由你自己決定，金錢買不到，只能由你創造。

對貧窮的恐懼只是一種心態！卻足以摧毀一個人在任何領域獲得成就的機會，這點在經濟蕭條、充滿不確定的時期又更為明顯。

對貧窮的恐懼會癱瘓理性，摧毀想像力，扼殺自立能力，破壞熱情，讓人無法採取行動，對目標感到不確定，會鼓勵人拖延，消滅人的熱情，讓自我控制變得不可能。也會抹滅掉一個人的魅力，摧毀他正確思考的能力，轉移專注力，減少毅力，消磨意志力，摧毀企圖心，讓回憶變得混亂，並會吸引各種各樣的失敗。對貧窮的恐懼還會扼殺愛和其他美好的情緒，將友誼拒於千里之外，吸引各式各樣的災難降臨，導致失眠、悲慘、不開心。但其實我們生活在一個豐沛的時代，渴望什麼都能去追尋，我們與渴望的目標之間毫無阻隔，只缺少明確目標和依此目標擬定的計畫。

在六個基本恐懼中，對貧窮的恐懼無疑最具摧毀性。這個恐懼被放在名單第一位，因為這是最難克服的恐懼。要找到恐懼的來源，需要很大的勇氣，而找到之後要接受這樣的事實，又需要更多勇氣。對貧窮的恐懼來自人類掠奪他人財物的天性，幾乎所有的動物都受到直覺驅使，但牠們思考的能力有限，因此牠們會掠奪其他動物的食物。人類擁有更高等的直覺、思考及推理能力，不會真的去吃其他人類——卻會從「掠奪」其他人的財物中獲得更多的滿足感。人類的天性如此貪得無厭，所以人類社會透過各種法律來保障彼此。

從世界歷史來看，我們身處的時代似乎是「對金錢最瘋狂」的年代。如果銀行帳戶顯示的財力不夠雄厚，幾乎連一粒塵土也不如。但如果有錢，無論錢怎麼來的，就是「權貴」或「有頭有臉的人」。他們彷彿凌駕於法律之上，掌控政治，在企業界爭霸，所到之處全世界都要彎腰鞠躬。

沒有比貧窮更痛苦、更羞辱的事情了！只有體驗過貧窮的人，才能完全明白貧窮的滋味。難怪大家都害怕貧窮。透過長久傳承下來的經驗，大家都知道，談到金錢和資產的時候不能相信某些人。這是個刺耳但千真萬確的控訴。

大家如此渴望財富，會用任何方法取得。可以的話會透過合法的方式，必要或緊急的時候則會不擇手段。

自我分析能揭露一個人不想承認的弱點。如果你不甘願淪於平庸或貧窮，這種檢視很重要。記住，逐項自我檢視時，你同時是法庭和陪審團、檢察官和被告律師、原告與被告——而受審的人就是你。坦誠面對事實，問自己明確的問題，要求自己正面回答，這麼做你會更了解自己。如果你覺得自己無法勝任公正的陪審團，當你在交叉詢問自己時，請一位很了解你的人擔任陪審團。**你在追尋的是真相，不管付出多少代價，就算會暫時感到尷尬！**

大部分人如果被問到恐懼什麼時，會說：「我什麼都不怕。」這個回答不正確，因為很少人知道他們其實正被某些恐懼束縛，窒礙難行，身心靈都遭受打擊。恐懼的情緒如此隱微又根深柢固，可能會讓人一生都受苦，卻又沒有意識到其存在。只有勇敢分析能揭露這個普世的敵人。當你開始分析時，深入搜尋性格，你應該尋找以下症狀。

恐懼貧窮的症狀

冷漠：通常顯現在缺乏企圖心，願意忍受貧窮，接受生命給予的任何遭遇且不反抗，身心懶散，缺乏主動性、想像力、熱情和自我控制。

優柔寡斷：習慣讓別人為自己決定，騎牆觀望。

懷疑：通常表現在試圖掩蓋、辯解、為自己失敗道歉的藉口上，有時候會表現為對別人的成就感到嫉妒，或批評有成就的人。

擔憂：通常表現在找別人碴，傾向入不敷出，忽略個人儀容、皺眉。酗酒，有時會使用藥物。緊張、無法保持鎮定和自我控制、缺乏自立能力。

太過謹慎：習慣看到事情不好的一面，思考並討論可能失敗的狀況，而不是思考致勝的方式。知道所有通往災難的道路，卻永遠不會尋找能避免失敗的計畫。等待「正確的時間」到來，才願意將點子與計畫付諸實踐，最後變成習慣永遠在等待。只記得失敗者，看不到成功的人。只看到甜甜圈中間的洞，卻忘記了甜甜圈本身。悲觀會導致消化不良、排泄能力不佳、自體中毒、口臭、性格差。

拖延：早該在去年完成的事情卻習慣一拖再拖。花很多時間想託辭與藉口，這些時間本身就足以完成工作。拖延和過度謹慎、懷疑、擔憂密切相關。逃避責任，拒絕承擔。只想妥協，而不願奮力抵抗。碰到困難就屈服，而不是把困境當作進步的墊腳石。在小事上討價還價，抱怨際遇，而不是要求繁榮、財富、滿足與快樂。老是想失敗的時候該怎麼做，而不是破釜沉舟，讓自己無後路可退。缺乏自信、明確目標、自我控制、主動性、熱情、企圖心、節儉及推論周全的能力。覺得自己注定貧困，不去追求致富。和接受貧困的人來往，而不是去結交追求並獲得財富的人。

金錢是萬能的！

有人問我：「你為什麼要寫一本關於金錢的書？為什麼只用金錢來衡量財富？」有人認為富有還有其他形式，比金錢正值得追求。他們會這樣認為也有道理，沒錯，有些富足無法用金錢來計算，但也有很多人說：「給我所有我需要的錢，我就能找到其他我想要的東西。」

我會寫這本關於如何獲取金錢的書，是因為近期世界情勢導致許多人都因為害怕貧困而動彈不得、裹足不前。這種恐懼對人造成的影響，《紐約世界電訊報》的維斯特布魯克・培格勒（Westbrook Pegler）寫得很好：

金錢只是貝殼、金屬硬幣或一張紙，有些心靈上的寶藏是金錢買不到的，但大部分沒錢的人沒辦法一直記得這件事，並藉此振作自己的心情。當一個人窮困潦倒、淪落街頭，找不到工作時，會影響士氣，從他垂下的肩膀、戴帽子、走路的樣子和眼神，都能看得出來。在有固定工作的人周圍，他無法擺脫自卑感，就算他知道那些人在性格、智慧或能力上都無法與他匹敵。

就算是他的朋友，那些人會有種優越感，說不定在不知不覺中也覺得他就是個失敗的人。他或許可以靠借錢過一段日子，但並不足以支撐他過去習慣的生活方式，而且他也沒有辦法一直借下去。關於借錢這件事，當一個人借錢只是為了活下去，這種經驗相當沮喪，借來的錢不像自己賺來的錢，有重振精神的力量。當然，這不適用流浪漢或成天遊手好閒的人，只適用於一般有企圖心和自尊的男性。

處於同樣困境的女性很不一樣。我們講到窮困潦倒的人時，不知為何並不會想到女性。她們不像窮困潦倒的男性，沒那麼容易被辨識出來。當然，我說的不是城市街上那些拖著蹣跚腳步的老太婆，她們是終年淪落街頭流浪漢的翻版。我指的是年輕體面、聰明的女性，這樣的女性一定很多，但她們的絕望處境卻不是那樣顯而易見……。

當男性陷入窮困潦倒時，他有時間思考。或許可以去很遠的地方找工作，到了之後才發現這個缺已經找到人了，或者發現沒有底薪，只能靠銷售的佣金，而且賣的是沒人要買的玩意……拒絕這份工作，只能回到流落街頭的生活。他在街上到處走，看著櫥窗裡不屬於他的奢侈品，覺得自卑，然後把位子讓給那些很有興趣購買的人。他遊蕩走進火車站或圖書館，在裡頭伸展雙腿並取個暖，但對找工作毫無幫助。他可能不自覺，但漫無目的的樣子會暴露他的現狀，就算外表打扮得體，身上穿著之前工作時買的衣服，也無法掩飾他頹廢的樣子……。

他看著記帳員、店員或藥劑師等其他人忙著工作，打從心底羨慕。那些人獨立、有自尊心和男子氣概，他無法說服自己也是個好人，雖然他會不斷自我爭論，並得到有利於自己的結論。

沒錢，讓他變成這種樣子。只要有一點錢，他就能回到原來的自己。

被批評的恐懼

沒人能明確說出，人類最初怎麼會出現這種恐懼，但唯一能確定的是，這種恐懼發展已久。我傾向將對於批評的基本恐懼歸類為人類天性，不僅會驅使人奪取他人的物品，還會藉由批評受害者的個性來合理化自己的行為。大家都知道，小偷會批評被他們偷東西的人，競選公職的政客不會展現自己的優點及資歷，而是去抹黑對手。

害怕批評的恐懼有很多形式。敏銳的製衣業者很快就利用了這種基本恐懼。每一季的衣著款式都會改變，是誰制定了風格？肯定不是買衣服的人，而是製造商。為什麼要這麼頻繁地改變風格？答案顯而易見，是為了要賣更多的衣服。

汽車製造商也是因為同樣理由每季發售不同型號的車子（只有極少數明智的例外）。沒人想要開不是最新款式的車，雖然舊款可能比較好。

前面提過人在恐懼批評的影響下會有的行為，適用於生活中各種瑣事。當這種恐懼影響到人類生活中更重要的事件，會出現什麼行為？舉個例子，當人到了心智成熟的年齡（平均通常是三十五到四十歲），如果能讀出他內心祕密的想法，你會發現他已經不相信大多數教條主義者和神學家在幾十年前所教導的寓言故事。

但你卻很少會發現，有人會勇敢公開表達他對這個主題的看法。大部分人如果遭到逼問會說謊，而不是承認他們不相信一個宗教大部分的故事，尤其當他們的宗教（或派別）極度遵循教條主義又不容質疑時。

為什麼連在這個啟蒙時代，一般人卻不敢否定自己的信仰教條，以及幾乎可以確定是「寓言故事」的內容呢？答案是「恐懼批評」。在過去，曾有男男女女因為敢於表達不相信鬼魂存在而被燒死在火刑柱上，難怪我們也承襲了這樣的意念，因此恐懼被批評。在那個時代，伴隨批評而來的是嚴厲的處罰，現在很多國家仍然如此。

對於批評的恐懼剝奪了人們的主動性，摧毀了他們的想像力，限制了個人獨特性，奪走了自立能力，並且還用許多方式傷害他們。家長批評孩子的時候，往往會對孩子造成無法挽救的傷害。我小時候有個朋友的媽媽幾乎每天都會鞭打處罰他，打完之後接著說：「你在二十歲之前就會被關進監獄裡。」後來那個朋友在十七歲的時候進了少年感化院。

每個人對這個世界都有許多批評，也不管別人要不要聽。最親近的人通常最容易這麼做，任何透過不必要的批評在孩子心中種下自卑情結的父母，他們造成的傷害都應該被視為犯罪行為（實際上，這是最壞的一種罪行）。了解人性的雇主會透過建設性的建議，讓員工變得更好，而不是透過批評。家長之於孩子也是如此。批評會在人的心中種下恐懼或憎恨，但無法生出愛。

恐懼批評的症狀

恐懼批評就和對貧窮的恐懼一樣普遍，對個人成就也有一樣致命的影響，因為這種恐懼會摧毀主動性、抑制人的想像力。恐懼批評的主要症狀如下：

侷促不安：在聊天和見到陌生人時通常會緊張、害羞，手和四肢動作不自然，眼神飄移。

慌張不鎮定：無法控制聲音，有其他人在的時候感覺很緊張、姿勢不佳、記性差。

個性懦弱：無法果斷做出決策、沒有個人魅力、無法明確表達個人意見。習慣迴避問題，而非正面應對。沒有仔細檢視就隨便贊同他人意見。

自卑：習慣透過口頭或行為自我肯定，好掩飾自卑。用籠統浮誇的字詞，讓別人印象深刻

（通常並不知道這些字詞的真正意思）。模仿別人的穿著、說話方式及行為。吹噓不存在的成就，營造出一種優越感。

鋪張奢侈：習慣別人有什麼自己也要有，入不敷出。

缺乏主動性：無法擁抱自我提升的機會，害怕表達看法，對自己的想法沒有自信，對於上司的問題給予模糊的回答，舉止與說話都猶豫不決，有欺瞞的言行。

缺乏企圖心：身心懶散，缺乏自我主張，很慢才做出決定，很容易被他人影響。習慣在別人背後批評，卻又在對方面前阿諛奉承，習慣接受失敗而不是起而抗爭，事情遭到他人反對時就放棄，無來由地懷疑他人，言行不得體，不願意承擔自己犯的錯。

害怕生病的恐懼

害怕生病的恐懼可以追溯到遺傳及承襲而來的社會地位。至於來源則與「老年的恐懼」和「死亡的恐懼」這兩者密切相關，因為生病會帶我們走向一個可怕的世界，我們對這個世界不了解，卻聽過相關的可怕故事。此外，有些不肖人士從事「販賣健康」產業，也和「生病的恐懼」一直如此猖獗有關。

總而言之，我們害怕生病是因為一直以來被灌輸的印象：如果死亡到來，將會發生可怕的事情。我們恐懼也是因為伴隨生病而來的經濟壓力。

一位知名的醫生預估，尋求醫生專業協助的人之中，有七十五%的人都有慮病症（想像的病症）。也有證據顯示，就算絲毫沒有需要害怕的原因，人對特定疾病的恐懼往往會反映在實際身體的症狀上。

人類心智非常強大！能創造也能摧毀。

研發專利藥物的人利用了人普遍恐懼生病的弱點，海撈了一筆。欺瞞利用容易輕信的人變得如此猖獗，幾年前《柯利爾週刊》（*Colliers' Weekly Magazine*）發起了一個激烈的活動，反抗專利製藥業中一些惡劣的廠商。

透過一系列實驗，結果顯示人會因為被暗示而生病。在這個實驗中，我們請三位認識的人去拜訪「受害者」。每個拜訪者都會問：「你生了什麼病？你看起來病得很重。」第一個人問完，受試者通常會微笑，不在意地說：「喔，沒事，我很好。」第二個人問完，受試者往往會回答說：「我不知道，但我真的覺得不太舒服。」第三個人問完，受試者通常會坦承覺得自己真的病得很重。如果你對這個實驗有點懷疑，可以在認識的人身上試試，但不要做得太過分，因為有些人可能真的會因為暗示而表現出嚴重的症狀。（有特定宗教派別的成員會對敵人「施法」予以報復。他們稱為對受害者下咒，但有可靠報告顯示，有些人真的在被施法後死去。）

有龐大證據顯示，疾病有時候是從負面想法開始的。這種意念可以從一個人透過暗示傳給另一個人，或是由自我暗示生成。

有個更有智慧的人曾經說：「別人問我感覺如何的時候，我總是想要用我的回答將對方擊倒。」

醫生有時候會為了健康，將病人送到不同氣候的地方，因為轉換病人的心態很必要。**每個人心中都有恐懼生病的種子，對愛和工作擔憂、害怕、氣餒、失望，會讓這顆種子發芽茁壯。**每種負面的想法都可能導致生病。

恐懼生病的原因，第一個就是對事業和愛情失望。有位年輕男性對愛徹底失望，因此生病住院，好幾個月都深受極度憂鬱所苦。他們找來一位心理治療師，換掉了護理師，改由非常有魅力的年輕女性照顧他，這位女性（在治療師的安排之下）從第一天上任開始就會抱抱他，給他許多呵護照顧。這位病人在三週內就出院了，他還在受苦，卻是因為完全不同的另一種病，他又陷入愛河了。這個治療是一場騙局，但病患後來和護理師結婚了，直到此時兩人都非常健康地生活著。

恐懼生病的症狀

這種普遍恐懼的症狀是：

不當的自我暗示：習慣尋找各種疾病的症狀，進行負面的自我暗示。「享受」想像的疾病，並講述著這個疾病跟真的一樣。習慣嘗試其他人推薦的流行偏方，以為有治療價值。一直想著手術、意外、其他病痛的細節。在沒有專業指導之下，嘗試著各種飲食做法、運動、減重。太過倚賴或嘗試居家療法、專利藥、庸醫療法。

慮病症：習慣一直講生病的事，注意力都放在疾病上，並預期自己會生病，直到出現神經緊張的情況。藥物無法治療這種狀況，這是負面想法造成的，只有正面思考能治癒。慮病症所造成的傷害，有時候跟本來害怕會得到的疾病一樣嚴重。

缺乏運動：對於生病的恐懼往往會導致一個人不去好好運動，避免戶外活動因此變得嚴重。

容易生病：恐懼生病會破壞身體自然的抵抗力，導致人很容易就感染疾病。恐懼生病通常和恐懼貧窮有關，尤其是有慮病症的人，會一直擔心可能要支付看醫生的錢、住院的錢等等，他們花太多時間準備生病、討論死亡、存錢買墓地、埋葬費用等。

自我保護：習慣用想像的疾病獲取同情。（人們通常會用這種方式逃避工作）。習慣透過裝病掩飾自己的懶惰，或以此為藉口，掩飾自己缺乏企圖心。

放縱、不節制：習慣用酒精或藥物來麻痺疼痛，像是頭痛、神經痛等，而不去排除引發身體不舒服的原因。習慣閱讀關於疾病的內容，擔心可能會生病。習慣看專利藥物的廣告。

害怕失去愛的恐懼

這是種與生俱來的恐懼，無需多加解釋來源。（從男性角度）顯然來自男性從前具有的一夫多妻制本質，以及竊取其他男性配偶的傾向。（從女性角度）則來自女性的母性直覺，以及在懷孕和早期育兒時需要保護的需求。因此，男性與女性在生理及行為的基礎上，都有害怕失去愛或「配偶伴侶關係」的恐懼。

所以，嫉妒和其他類似的精神官能症便來自人類生來就害怕失去安全的恐懼，因為失去愛與另一個人的陪伴，也代表著失去這樣的安全感。在六個基本恐懼中，這是最令人痛苦的一種恐懼，這種恐懼會對身心造成更大的破壞，也可能引發嚴重的心理問題。

害怕失去愛的恐懼或許可追溯至石器時代，男性會用暴力奪取女性。他們到了現代文明社會還是這樣做，只是技巧有所改變。現在他們不用暴力，而是用浪漫的說服、華服的承諾、昂貴的車和珠寶、取得經濟力量和其他比肢體暴力更有效的誘餌。男性的習慣從文明出現以來沒有變過，但表現的方式變得不同。

仔細分析顯示，女性通常比男性更容易害怕失去愛。原因很簡單，女性透過經驗學習到男性這個群體的本質是一夫多妻，因此不值得信賴。

恐懼失去愛的症狀

這種恐懼的明顯症狀有：

嫉妒：沒有合理證據就習慣懷疑朋友和愛的人。（嫉妒是種精神官能症，有時候沒有明顯原因就會變得暴力。）習慣沒有根據就指控妻子或丈夫不忠。通常會懷疑所有人，對任何人都沒有信心。

故意挑人毛病：對於親友、事業夥伴、所愛之人，習慣稍微受到挑釁或沒有任何理由就找對方麻煩。

賭博：習慣透過賭博、偷竊、欺騙和其他冒風險的事情，提供所愛之人金錢，以為對方能用金錢收買。習慣過著入不敷出的生活，或扛下債務，只為了買禮物給自己愛的人，希望讓自己看起來有面子。失眠、緊張、沒有恆心毅力、意志力薄弱、缺乏自制力、沒有自立能力、脾氣差。

對於老年的恐懼

這種恐懼主要有兩個來源：一是認為年老可能會變貧困。第二，也是最常見的來源，是過往犯下的錯誤被說死後要下地獄，或遭到「嚇唬人的東西」的磨難，因此落入恐懼。

人們恐懼年老有兩個合理的理由。一個是對他人不信任，害怕其他人可能會奪走他們擁有的財物。另一個則是對「另一個世界」的恐怖想像，這些想像透過社會傳承深植他們心中，最後一步步控制他們的理性思考能力。

邁入老年後，人生病的機會更高，這也是讓人恐懼年老的原因。性衝動也是原因，沒人會希望自己的性吸引力和性能力衰退減弱。

對年老的恐懼，最常見的原因和貧窮有關。「養老院」並不是什麼好聽的詞，想到老年可能會變窮，還要不停擔憂如何支付日常生活所需以及年老的花費，就不禁會打冷顫。

另一個原因是失去自由與獨立，因為人老了可能會失去生理上與經濟上的自由。

恐懼年老的症狀

這種恐懼常見的症狀包括：

人在大約五十歲的心智成熟期，會傾向變得緩慢，這會讓人誤以為自己因為年紀漸長導致「健康下滑」而自卑。（事實上，人在心理和精神上最能發揮的年紀就是在五十到六十歲之間。）

人到了六十、七十歲就覺得自己年紀大了而喪失信心，而不是感恩能活到這個充滿智慧、充分理解事物的年齡。

覺得自己太老，習慣扼殺自己的主動性、想像力、自立能力這些特質。五十歲後，在穿著和舉止上刻意裝年輕，因此招來朋友及陌生人的譏笑。

害怕死亡的恐懼

對某些人來說，這是基本恐懼中最殘酷的一個。原因顯而易見。在絕大多數的案例中，想到死亡時的巨大恐懼是來自宗教，所謂的「異教徒」反而更不懼怕死亡。幾千年來，人類一直探尋的兩個至今仍未有解答的問題：「我從何而來？」、「又往何處去？」

在人類歷史中較黑暗的時期，不肖之徒很快就透過提供這些問題的解答賺錢。某個宗教領袖說：「進來我的帳篷、擁抱我的信念、接受我的教條，我將給你一張票，在你死後讓你直接通往天堂。」他又說：「待在我的帳篷外的人，惡魔將會帶走你，永生永世焚燒你。」

想到永生永世都被火燒的懲罰，會奪走對生命的樂趣，讓幸福變得不可能。

在我的研究過程中，讀了一本叫《眾神冊》（*A Catalogue of the Gods*）的書，列出從古至今人類崇拜過的三萬個神明。看吧！從小龍蝦到人類形象的三萬種神，難怪人們想到死亡就害怕。

宗教領袖可能無法提供安全通往天堂的道路，也可能沒有力量能讓不幸之人墜入地獄，但後者如此可怕，光是這個想法就能在人心中留下逼真鮮明的想像力，癱瘓人的理性，萌生對死亡的恐懼。

事實上，沒有人知道天堂或地獄長怎樣，或是否存在。缺乏正向的了解，人們便很容易受騙，騙子會用騙術和各種假借虔誠之名的騙術控制人的心智。

比起沒有大學的年代，現在人對死亡的恐懼已經沒那麼深了。科學家研究世上的各種真相，這些發現正快速幫助人們擺脫對死亡的恐懼。上大學的年輕學子，已經不會再輕易受到「地獄磨難」驚嚇。在生物學、天文學、地質學和其他相關科學的幫助下，一直以來對於黑暗時代的恐懼禁錮了人類心智，摧毀理性，而這些恐懼逐漸消失。

這種恐懼毫無必要。不管你怎麼想，死亡終究會到來。接受這件必然的事實，然後讓這個念頭從腦海中揮散。

全世界都是由兩個元素組成：能量與物質。在基礎物理中，我們學到物質和能量（唯一已知的兩種存在）都不能被創造或摧毀。兩者都能轉化，但都不能被摧毀。

如果說生命是什麼，可以說是能量。如果能量或物質不能被摧毀，那生命也不會被摧毀。生命就像其他形式的能量，能經過各種轉化、改變，但不能被摧毀。死亡只是一種轉化的過程。

如果死亡不是改變或轉化，那死後就只是永恆平靜的長眠，並不可怕。不管是哪種情況，你可以就此揮別對死亡的恐懼。

恐懼年老的症狀

這種恐懼最普遍的症狀就是老想著死亡，而不是好好利用生命。通常是因為沒有目標，或沒有找到適合的職業。這種恐懼最常出現在老年人身上，但有時年輕人也會畏懼死亡。

對於恐懼死亡最好的解方，就是提供他人有用的服務，並培養對於成就的強烈渴望。忙碌的人很少有空去思考死亡，他們的生活夠刺激，沒有餘裕擔心死亡。有時候恐懼死亡和恐懼貧窮密切相關，因為人死後可能會讓所愛之人陷入貧困。在其他狀況中，對死亡的恐懼是因為疾病和抵抗力崩壞。死亡恐懼最常見的原因是健康不佳、貧窮、不適合的工作、對愛失望、精神失常、宗教狂熱。

擔憂

擔憂是基於恐懼而出現的心理狀態，影響緩慢但持續不斷，難以察覺。它會一步步慢慢滲透，直到癱瘓了人的理性，摧毀自信和主動性。擔憂是因為優柔寡斷而造成的持續恐懼，因此，也是一種可以控制的心理狀態。

優柔寡斷會造成心理狀態不穩定。大部分人缺乏快速做出決定的意志力，沒辦法堅持執行自己的決定。在景氣差的時候，一個人不僅會被自己決策速度緩慢的影響，還會受到身旁人們猶豫不決的影響，創造出一種大眾普遍猶豫不決的狀況。

人一旦決定要展開具體的行動，就不會再擔憂。我曾經訪問一個兩小時之後即將被電刑處死的人，在即將被處死刑的八個人中，他最平靜。他的平靜讓我不禁問，知道自己很快就要步入永恆世界，感覺如何？他露出自信的微笑說：「感覺很好。老兄，你想想，我的麻煩事很快就要結束了。我一生充滿各種麻煩，要得到溫飽很困難。很快地，我就不需要這些東西了。自從我明確知道自己一定會死，我就感覺很好。我決定要振作精神接受我的命運。」

他一邊說，一邊吃下三人份的晚餐，每一口都感覺非常享受，彷彿接下來沒什麼不幸的事發生。決定讓他接受了命運！決定也可以防止一個人接受不想要的情況。

六個基本恐懼藉由優柔寡斷，會轉為擔憂和焦慮的心態。當你決定接受死亡是無可避免的，就能讓自己永遠擺脫對死亡的恐懼。當你決定不再擔憂能累積到多少財富，就能消除對貧困的恐懼。當你決定不再擔心其他人怎麼想、怎麼做、怎麼說，就能消除對批評的恐懼。當你決定接受年老不是種缺陷，而是帶著智慧、自制力、年輕時沒有的理解力等祝福，就能消除對年老的恐懼。當你決定忘記各種症狀，就能擺脫對生病的恐懼。當你決定必要時也能在沒有愛的狀況下繼續前行，就能控制對失去愛的恐懼。

當你決定人生沒什麼值得擔憂，就能停止擔憂的習慣。一旦做出這個決定，你就能從容自如、平靜且沉著，而幸福也會到來。

腦子裡充滿恐懼的人，不但會摧毀自己的機會，無法採取有智慧的行動，也會把破壞性的思想振動傳遞給自己接觸到的人，並摧毀其他人的機會。

就連狗或馬都知道主人在哪些時候會沒有勇氣。不僅如此，牠們會接收到主人的恐懼振動，進而反映在牠們的行為上。較低等的動物同樣也會接收到恐懼的振動。

恐懼的振動會從一個人迅速傳遞給另一個人，就像是人類的聲音可以透過廣播站傳播到收音機。

透過言語將負面或破壞性想法傳達出去的人，幾乎也會被負面言語所反噬。光是釋放出毀滅性的衝動想法，就算沒有言語的幫助，也會引發許多不好的結果。首先，也是最重要的一點，你要記住：釋放出破壞性念頭的人，一定會因為創意想像力崩壞而受苦。第二，如果腦中存在任何毀滅性的情緒，會導致一個人發展出負面的性格，不僅會招致他人反感，往往還會與他人對立。第三，負面想法不僅對他人造成傷害，也會根深柢固存在釋放者的潛意識中，成為其個性的一部分。

你的人生應該要追求成功。要成功，一定要找到心靈的平靜，獲得生活物質所需，而最重要的就是獲得快樂。這些成功的跡象都始於某種形式的意念。

你可以控制心靈，你有權利選擇任何意念注入到心靈裡。伴隨著權利而來的，是以有建設性的方式使用的責任。你是你在人世間命運的主宰，這點無庸置疑，一如你有權利控制你自己的想法，你可以影響、引導，最終控制你的環境，讓生命成為你想要的樣子。或者也可以忽視這個能塑造生命樣貌的權利，讓自己像枚隨意擲出的籌碼一樣，在「機運的大海」中隨波逐流。

惡魔的工作坊：第七種基本罪惡

除了六個基本恐懼，還有一個讓人受苦的罪惡，罪惡是充滿養份的土壤，讓失敗的種子茁壯成長。它存在在暗處，往往不會被察覺。這不能直接被歸為恐懼，它更根深柢固，比六種恐懼更致命。由於找不到更適合的名字，我們就稱它為容易受到負面影響。

累積巨額財富的人都知道要躲避這個罪惡的負面影響，但貧困的人不會！各行各業的成功人士，都要準備好抵抗這種邪惡的影響。如果你因為想要累積財富而讀這本書，就應該要仔細檢視自己，看看你是不是容易受到負面因素影響。如果你輕視這項自我分析，將會失去獲得渴望目標的權利。

請徹底分析自己。找到後面自我分析的問題，要求自己以最嚴格的標準回答。盡可能仔細回答，就像找出正在埋伏你的敵人一樣。檢討自己的問題時，也要像面對來襲的敵人一樣。

你能容易就避開路上的搶劫，因為法律會保障你的安全。但「第七種基本罪惡」更難以克服，因為它會在你不注意的時候、在你睡著或醒著時來襲。而且它的武器是一種無形的心理狀態。它很危險，因為會用許多不同形式出現，有多少人類經驗，就有多少不同的形式。有時候會透過親戚好意的話語進入你的心靈，其他時候則透過你的內心產生。它如毒藥一般致命，雖然不會立即致死。

如何不受到負面因素影響

想要避免負面影響，不管是自己造成的，或身旁人們的行為或想法導致，你要了解你是有意志力的，持續使用意志力，直到築成一道牆，把負面影響阻絕在外。

要知道你和其他人類在本質上都是懶散、冷漠，容易受到和自身缺點一致的暗示。

要知道你在本質上容易受到「六個基本恐懼」影響，所以要建立習慣對抗這些恐懼。

你要了解，負面影響往往是透過你的潛意識起作用，因此很難察覺，所以要把你的負面思考和所有讓你沮喪氣餒的人隔絕在外。

清空藥櫃，丟掉所有的藥罐，不要再沉溺於感冒、疼痛和想像的病痛。刻意去找能夠鼓勵你思考、行動的人。

不要預期會出現問題和麻煩，你越想，這些事情越會出現。

人類最常見的弱點，絕對是習慣讓自己受到他人的負面影響。這個缺陷破壞力極強，因為大部分人都沒有發現自己深受其害，即使發現也是忽視不管，直到這個缺陷成為日常習慣。

為了幫助那些想看清自己的人，我準備了以下問題。閱讀以下問題並大聲回答，要能聽見你自己的聲音。這樣做能幫助你更誠實面對自己。

自我分析測試

❶ 你是不是常常抱怨覺得心情很差，如果是，原因是什麼？

❷ 你是否因為別人做的一點小事就找對方的碴？

❸ 你工作時是否常常犯錯，如果是，原因是什麼？

❹ 你在和別人聊天時，是否態度嘲諷或防衛心很重？

❺ 你是否刻意避免與任何人來往，如果是的話，原因是什麼？

❻ 你是不是常常有消化不良的問題？如果是，原因是什麼？

❼ 你是否覺得人生徒勞無功，未來毫無希望？如果是，原因是什麼？

❽ 你喜歡你的工作嗎？如果不喜歡，原因是什麼？

❾ 你是否常常自怨自艾，如果是，原因是什麼？

❿ 你是否嫉妒那些成就比你好的人？

⓫ 你比較常花時間思考成功還是失敗？

⓬ 隨著年紀漸長，你變得更有自信或更沒自信？

⓭ 你每次犯錯，是否都能從中學到有價值的經驗？

⓮ 你是否受到親戚或認識的人影響而感到擔憂？如果是，原因是什麼？

⓯ 你會有時不切實際做大夢，有時又陷入沮喪的深淵嗎？

⓰ 誰對你的影響最具啟發性？原因是什麼？

⓱ 本來可以避開的負面或令人喪氣的影響，你是否會忍氣吞聲？

⓲ 你是否不在乎個人外表？如果是，原因是什麼？

⓳ 你是否學會讓自己忙碌來忘記煩憂？

⓴ 如果你讓其他人幫你決定該怎麼思考，你會說自己是個「懦夫」嗎？

㉑ 你是否忽略淨化心靈，直到毒素累積讓你變得暴躁又易怒？

㉒ 有多少本該可以預防的干擾會讓你感到不愉快，你為什麼容忍這些干擾存在？

㉓ 你會藉由酒精、藥物、毒品或香菸來減緩焦躁嗎？如果會，為什麼你不嘗試使用意志力？

㉔ 有人會叨唸你嗎？如果有，原因是什麼？

㉕ 你是否有一個明確的人生主要目標？如果有，這個目標是什麼，你為了達成這個目標設定了什麼計畫？

㉖ 你是否受到「六個基本恐懼」的任何一個恐懼所苦？如果有，是哪一個？

㉗ 你是否有方法可以保護自己不受到他人的負面影響？

㉘ 你是否刻意使用自我暗示，讓自己的想法變得正向？

㉙ 你最在乎什麼？物質上擁有的東西，或能控制自己想法的權利？

㉚ 你是不是很容易受到別人影響？

31 今天是否得到任何在知識上或心態上有價值的事物？

32 你面對不開心的情況是否會正面對決，或者會避開責任？

33 你是否會分析所有犯過的錯和失敗，試著從中學習，或者抱持著這不是你的責任的態度？

34 你是否能舉出三個你最致命的缺點？你正在如何改正這些缺點？

35 你是否鼓勵其他人把自己的煩惱告訴你以獲得慰藉？

36 你是否能從日常經驗中獲得個人有幫助的教訓或影響？

37 你的存在是否常常對他人帶來負面影響？

38 其他人的哪些習慣最常惹怒你？

39 你是否有自己的意見，或者讓其他人影響你的看法？

40 你是否學會了去創造能抵抗所有喪氣影響的心態？

41 你的工作是否讓你充滿信念與希望？

42 你是否有意識地擁有足夠的精神力量，讓你不受到各種恐懼形式的影響？

43 你的宗教是否幫助你保持正面態度？

44 你是否覺得有責任分攤他人的煩憂？如果是，原因是什麼？

45 如果你相信物以類聚，那麼研究你吸引到的朋友，你學到了關於自己的哪些事？

46 如果有的話，你覺得和你來往最密切的人，和你生活中感受到的不幸和不愉快，彼此間有什麼關聯？

47 你認為是朋友的人，會不會實際上是你最大的敵人，因為他對你造成了負面的影響？

48 你用哪些標準評斷哪些人對你有益，哪些人對你有害？

49 和你來往密切的人，在心態上優於你或比你差？

50 每一天二十四小時中，你花多少時間在：

a. 工作

b. 睡眠

c. 娛樂、休息

d. 學習有用的知識

e. 完全浪費掉

50 你認識的人之中：

a. 最常鼓勵你的是

b. 最常告誡你的是

c. 最常讓你感到喪氣的是

d. 最常用其他方式幫助你的是

52 你最大的擔憂是什麼？你為什麼要忍受這樣的擔憂？

53 當其他人不請自來主動提供免費建議，你是否問都不問就接受，或者會分析對方的動機？

54 所有的事物中，你最渴望的是什麼？你想要獲得這個渴望的目標嗎？你是否願意將其他的渴望都擺到次要地位？你每天花多少時間用在追求獲得這個目標？

55 你會不會常常改變心意？如果是，原因是什麼？

56 你是否通常會有始有終？

57 其他人的企業或專業頭銜、大學學位或財富，是不是很容易就嚇唬到你？

58 你是不是很容易就被他人對你的想法或對你說的話所影響？

59 你是否會因為其他人的社會或經濟地位而迎合對方？

❻❿你覺得世界上還活著的人之中，最偉大的是誰？這個人在哪方面優於你？

❻❶你花多少時間投入在研究及回答這些問題？（至少需要花一整天仔細分析，並完整回答以上所有問題。）

如果你誠實回答上面所有問題，那麼你已經比大部分的人更了解自己。仔細研究這些問題，在接下來的幾個月裡，每週都回顧這些問題，你會驚訝地發現光是簡單誠實回答這些問題，就能獲得許多對你非常有價值的知識。如果你不確定某些問題的答案，去問那些很了解你的人，尤其是沒有理由需要奉承你，並能用自己角度觀察你的人。這個經驗將會讓你大為震驚。

你唯一能完全控制的就是你的想法。這是最重要且最具啟發性的一件事，反映了人性的高尚本質。這個神聖的特權是你能控制自己命運的唯一方法，如果你無法控制自己的想法，那你很可能什麼也控制不了。如果你會花心思關心自己擁有的財產，不只是物質層面上的，還有你精神上的財產——心靈，保護好並小心使用這個資產，會賦予你神聖的權利。你之所以有意志力就是為了這個目的。

可惜法律無法禁止有人有意無意就透過負面暗示毒害他人，這種形式的破壞，應該受到法律嚴重制裁，因為這會毀掉一個人的致富機會，而財富是受到法律保障的。

曾有思考負面的人試圖說服愛迪生，他不可能創造出能記錄並重現人類聲音的機器，他們說：「因為從來沒有人創造出這種機器。」愛迪生不相信，他知道人類心靈能想出來並相信的事物，都有辦法創造出來。也是基於這樣的理解，愛迪生才能從一般人中脫穎而出。

想法負面的人告訴伍爾沃斯，他如果開「十元商店」可能會搞到破產。伍爾沃斯沒有聽信，他知道如果他的計畫搭配信念，任何事情都能做到。他運用了自己的權利，將負面建議都隔絕在外，而後累積了超過一億美元的巨額財富。

想法負面的人告訴喬治・華盛頓，他不可能戰勝兵力更強的英國軍隊，但他運用了相信的神聖權利，也因此這本書才能在美國的法律保障下出版，而康沃利斯侯爵的名字則早已被遺忘。

亨利・福特在底特律的大街上試開他第一批製造的粗糙汽車時，心存懷疑的人都對他冷嘲熱諷。有人說那東西永遠都不可能變實用，還有人說沒人會付錢買這個玩意兒。福特說：「我要製造出多到能環繞地球的、可靠又耐用的汽車。」而他也真的做到了！他決定要相信自己，因此累積了好幾個世代都揮霍不完的財富。你若要追求鉅富，記住，著亨利・福特和十萬名以上為他工作的人，中間唯一的差異就是：福特能控制自己的心靈，而大多數人連試都沒試。

我一直反覆提起亨利・福特的例子，因為他的例子很驚人，他的故事說明了一個有自己想法，並願意控制想法的人，能達到多高的成就。他創下的紀錄打破了陳腔濫調的藉口：「因為我都沒有好機會。」福特也從來都沒有機會，但他創造了一個機會，並堅持下去，直到變得比克洛伊斯還富有。

心靈控制是自律及習慣的結果。你不是控制自己的心靈，不然就是被控制，沒有折衷之道。控制心靈的方法中，最實際的就是讓你的心靈專注在明確目標上，並搭配明確的計畫。研究成功人士的故事，你會發現他們不僅能控制自己的心靈，還能朝著明確目標方向前進。不控制，就不可能成功。

五十七個有名的藉口：「如果」

不成功的人都有一個明顯的共通點。他們知道所有失敗的原因，並有著無懈可擊的藉口去解釋他們為什麼沒有成就。

有些理由滿聰明的，有些很合理，但藉口沒辦法當錢用。這個世界只想知道一件事：你成功了嗎？

有位個性分析師整理出一份常見的藉口清單。閱讀這份清單的過程中，仔細檢視自己，想想你用了哪些藉口。也請記得，本書提到的成功之道，讓以下所有藉口都不再成立：

如果我沒有太太和家庭……

如果我有足夠的「門路」……

如果我有錢……

如果我有好的學歷……

如果我能找到工作……

如果我健康狀況良好……
如果我有時間……
如果大環境更好的話……
如果其他人了解我……
如果我身處的情況不同……
如果人生能重來一次……
如果我不怕「他們」會怎麼說……
如果我以前有個機會的話……
如果我現在有個機會……
如果其他人沒有批評我的話……
如果沒有發生那些事阻礙我……
如果我更年輕一點……
如果我能只做我想做的事……
如果我生在有錢人家……
如果我遇到對的人……
如果我有其他人的才華……
如果我勇敢堅持自我……
如果我當時把握機會的話……

如果別人沒來惹我……
如果我不用顧家、照顧孩子……
如果如果我能存點錢……
如果老闆願意賞識我……
如果有人幫我……
如果我的家人理解我……
如果我住在大城市裡……
如果我可以開始……
如果我有這個自由……
如果我有其他人的個性……
如果我沒有那麼胖……
如果有人看見我的才華……
如果我運氣好一點……
如果我能擺脫債務……
如果我沒有失敗……
如果我知道該怎麼做……
如果大家都沒有反對我……
如果我沒有擔心這麼多……

如果我能跟對的人結婚……
如果其他人不那麼笨……
如果我的家人沒有揮霍無度……
如果我對自己有信心……
如果我的運氣沒有那麼差……
如果我出生在對的時代……
如果這些不是「注定會發生」……
如果我不用這麼努力工作……
如果我沒有失去那些錢……
如果我住在不同的地方……
如果我沒有「過去」……
如果我有自己的事業……
如果其他人願意聽我說……

下面這個「如果」才是最重要的：

如果我有勇氣看到真實的自我，我會找到自己的問題並改正，到時候我就有機會從錯誤中獲益，從他人的經驗中學到些什麼。因為我知道我有些問題，不然我現在不會只是這樣而已，要是我花更多時間分析我的弱點，而不是用那麼多時間為自己找藉口。

找藉口解釋自己的失敗，這是全世界人的通病。人類自古以來就有這個習慣，**而這個習慣對於成功相當致命！**人為什麼這麼愛找藉口？答案顯而易見。他們會捍衛自己的藉口，因為這是他們自己創造出來的！藉口是人想像的產物，而人的天性就是會捍衛自己創造出來的結晶。

找藉口是個根深柢固的習慣。習慣很難打破，尤其當習慣會正當化我們的行為。柏拉圖說到以下這段話時，心裡也是這麼想的。他說：「能戰勝自我是最棒的勝利。被自我戰勝則是所有事物中最可恥之事。」

另一位哲學家也有同樣的想法，才會說出：「我非常驚訝地發現，我在他人身上看到大部分醜陋可鄙的部分，其實反映了我的本質。」

「我一直不了解，」艾爾伯特．胡柏說：「為什麼人們花這麼多時間找藉口掩飾自己的弱點，藉此刻意欺騙自己。如果用在不同的事物上，花同樣的時間都足夠改正弱點，也就不需要找藉口了。」

本書即將進入尾聲，我想提醒你「人生是一場遊戲，你的對手是時間。如果你猶豫不前，或沒能仔細思考並果決行動，時間會吃掉你棋盤上所有的棋子，你面對的對手不會容忍你猶豫不決的態度！」

先前你可能有個很有邏輯的藉口，說服自己為什麼沒辦法得到人生中想要的目標，但這個藉口已經不存在，因為你現在擁有打開富裕人生的萬能鑰匙。

這把萬能鑰匙是無形的，卻充滿力量！就是賦予你腦中強烈渴望，追求明確的財富的權利。使用這把鑰匙不需代價，如果不去用它就會付出失敗的代價。使用這把鑰匙，你會得到驚人回報，你可以戰勝自我，讓宇宙回應你的需求。

這份回報值得你努力付出。第一步就是相信這條成功之道。

不朽的愛默生曾說過：「同道中人總會相遇。」最後，我想要借用他的話告訴各位：「如果我們是同道中人，那麼透過這本書，我們已經相遇。」

附錄　拿破崙・希爾著作一覽

（以下按年分排序）

《希爾的黃金法則》雜誌（*Hill's Golden Rule*）（一九一九至一九二〇）

《拿破崙・希爾雜誌》（*Napoleon Hill's Magazine*）（一九二一至一九二三）

《成功法則》（*The Law of Success*）（一九二八、一九七九）

《通往成功的神奇梯子》（*The Magic Ladder to Success*）（一九三〇）

《啟發雜誌》（*Inspiration Magazine*）（一九三一）

《思考致富！》（*Think and Grow Rich!*）（一九三七、一九六〇）

《心理炸藥》（*Mental Dynamite*）（一九四一）——十六冊教科書

《如何提高薪資》（*How to Raise Your Own Salary*）（一九五三）

《成功科學》（*Science of Success*）（一九五三）——六冊（教科書）

《成功的ＰＭＡ科學》（*PMA Science of Success*）（一九五六）

《正向態度致富》（*Success through a Positive Mental Attitude*）（一九六〇、一九七七），與Ｗ・克萊門・史東（W. Clement Stone）合著

《有錢的權利——互動學習指南》（*Your Right to Be Rich——An Interactive Study Guide*）（一九六一、一九九〇）

《致富的萬能鑰匙》（*The Master Key to Riches*）（一九六五）

《靜心致富》（*Grow Rich with Peace of Mind*）（一九六七）

《說服致富》（*Succeed And Grow Rich Through Persuasion*）（一九七〇），與E・哈洛德・諾恩（E. Harold Keown）合著

《創造自己的奇蹟——為自己創造成功條件》（*You Can Work Your Own Miracles——How to Condition Yourself for Success*）（一九七一）

思考致富
13 個翻轉未來的關鍵法則，改寫金錢藍圖的人生開掛指南
Think and Grow Rich

作　　者　拿破崙．希爾（Napoleon Hill）
翻　　譯　張芷盈
封面設計　郭彥宏
內頁排版　高巧怡
行銷企劃　蕭浩仰、江紫涓
行銷統籌　駱漢琦
業務發行　邱紹溢
營運顧問　郭其彬
協力編輯　呂曉蓉
副總編輯　劉文琪

出　　版　地平線文化／漫遊者文化事業股份有限公司
地　　址　台北市103大同區重慶北路二段88號2樓之6
電　　話　(02) 2715-2022
傳　　真　(02) 2715-2021
服務信箱　service@azothbooks.com
網路書店　www.azothbooks.com
臉　　書　www.facebook.com/azothbooks.read

發　　行　大雁出版基地
地　　址　新北市231新店區北新路三段207-3號5樓
電　　話　(02) 8913-1005
訂單傳真　(02) 8913-1056
初版一刷　2024年12月
定　　價　台幣450元

ISBN　978-626-98787-3-4

國家圖書館出版品預行編目 (CIP) 資料

思考致富 : 13 個翻轉未來的關鍵法則，改寫金錢藍圖的人生開掛指南 / 拿破崙. 希爾(Napoleon Hill) 著 ; 張芷盈譯. -- 初版. -- 臺北市 : 地平線文化, 漫遊者文化事業股份有限公司出版 ; 新北市 : 大雁文化事業股份有限公司發行, 2024.12
面；　公分
譯自 : Think and grow rich
ISBN 978-626-98787-3-4(平裝)
1.CST: 職場成功法 2.CST: 財富
494.35　　113011403